江苏省文化产业引导资金文化艺术精品项目
江苏省"十三五"重点图书出版规划项目

城市与建筑

印度殖民时期

汪永平 马从祥 编著

City and Architecture in Indian Colonial Period

Himalayan Series of Urban and Architectural Culture

行走在喜马拉雅的云水间

序

2015 年正值南京工业大学建筑学院（原南京建筑工程学院建筑系）成立三十周年，我作为学院的创始人，在 10 月举办的办学三十周年庆典和学术报告会上，汇报了自己和团队自 1999 年以来走进西藏、2011 年走进印度，围绕喜马拉雅山脉 17 年以来所做的研究。研究成果的体现，便是这套"喜马拉雅城市与建筑文化遗产丛书"问世。

出版这套丛书（第一辑 15 册）是笔者和学生们多年的宿愿。17 年来我们未曾间断，前后百余人，30 多次进入西藏调研，7 次进入印度，3 次进入尼泊尔，在喜马拉雅山脉相连的青藏高原、克什米尔谷地、拉达克列城、加德满都谷地都留下了考察的足迹。研究的内容和范围涉及城市和村落、文化景观、宗教建筑、传统民居、建筑材料与技术等与文化遗产相关的领域，完成了 50 篇硕士学位论文和 4 篇博士学位论文，填补了国内在喜马拉雅文化遗产保护研究上的空白，并将藏学研究和喜马拉雅学的研究结合起来。研究揭

示了喜马拉雅山脉不仅是我们这一星球上的世界第三极，具有地理坐标和地质学的重要意义，而且在人类的文明发展史和文化史上具有同样重要的价值。

喜马拉雅山脉东西长 2 500 公里，南北纵深 300~400 公里，西北在兴都库什山脉和喀喇昆仑山脉交界，东至南迦巴瓦峰雅鲁藏布大拐弯处。在喜马拉雅山脉的南部，位于南亚次大陆的印度主要由三个地理区域组成：北部喜马拉雅山区的高山区、中部的恒河平原以及南部的德干高原。这三个区域也就成为印度文明的大致分野，早期有许多重要的文明发迹于此。中国学者对此有着准确的描述，唐代著名学者道宣（596—667）在《释迦方志》中指出："雪山以南名为中国，坦然平正，冬夏和调，卉木常荣，流霜不降。"其中"雪山"指的便是喜马拉雅山脉，"中国"指的是"中天竺国"，即印度的母亲河恒河中游地区。

季羡林先生把古代世界文化体系分为中国、印度、希腊和伊斯兰四大文化，喜马拉雅地区汇聚了世界上

四大文化的精华。自古以来，喜马拉雅不仅是多民族的地区，也是多宗教的地区，包括了苯教、印度教、佛教、耆那教、伊斯兰教以及锡克教、拜火教。起源于印度的佛教如今在印度的影响力已经不大，但佛教通过传播对印度周边的国家产生了相当大的影响。在中国直接受到的外来文化的影响中，最明显的莫过于以佛教为媒介的印度文化和希腊化的犍陀罗文化。对于这些文化，如不跨越国界加以宏观、大系统考察，即无从正确认识。所以研究喜马拉雅文化是中国东方文化研究达到一定阶段时必然提出的问题。

从东晋时法显游历印度并著书《佛国记》开始，中国人对印度的研究有着清晰的历史脉络，并且世代传承。唐代玄奘求学印度并著书《大唐西域记》；义净著书《大唐西域求法高僧传》和《南海寄归内法传》；明代郑和下西洋，其随从著书《瀛涯胜览》《星槎胜览》《西洋番国志》，对于当时印度国家与城市都有详细真实的描述。进入 20 世纪后，中国人继续研究印度。

蔡元培在北京大学任校长期间，曾设"印度哲学课"。胡适任校长后，又增设东方语言文学系，最早设立梵文、巴利文专业（50 年代又增加印度斯坦语），由季羡林和金克木执教。除了季羡林和金克木，汤用彤也是印度哲学研究的专家。这些学者对《法显传》《大唐西域记》《大唐西域求法高僧传》和《南海寄归内法传》进行校注出版，加入了近代学者科学考察和研究的新内容，在印度哲学、文学、语言文化、历史、地理等领域多有建树。在中国，研究印度建筑的倡始者是著名建筑学家刘敦桢先生，他曾于 1959 年初率我国文化代表团访问印度，参观了阿旃陀石窟寺等多处佛教遗址。回国后当年招收印度建筑史研究生一人，并亲自讲授印度建筑史课，这在国内还是独一无二的创举。1963 年刘敦桢先生 66 岁，除了完成《中国古代建筑史》书稿的修改，还指导研究生对印度古代建筑进行研究并系统授课，留下了授课笔记和讲稿，并在《刘敦桢文集》中留下《访问印度日记》一文。可惜 1962 年中印关系恶化，以致影响了向印度派遣留学生的计划，随后不久的"十年动乱"，更使这一研究被搁置起来。由于历史的原因，近代中国印度文化研究的专家、学者难以跨越喜马拉雅障碍进入实地调研，把青藏高原的研究和喜马拉雅的研究结合起来。

意大利著名学者朱塞佩·图齐（1894—1984）是西方对于喜马拉雅地区文化探索的先驱。1925—1930 年，他在印度国际大学和加尔各答大学教授意大利语、汉语和藏语；1928—1948 年，图齐八次赴藏地考察，他的前五次（1928、1930、1931、1933、1935）藏地考察均从喜马拉雅山脉的西部，今天克什米尔的斯利那加（前三次）、西姆拉（1933）、阿尔莫拉（1935）动身，沿着河流和山谷东行，即古代的中印佛教传播和商旅之路。他首次发现了拉达克森格藏布河（上游在中国境内叫狮泉河，下游在印度和巴基斯坦叫印度河）河谷的阿契寺、斯必提河谷（印度喜马偕尔邦）的塔波寺（西藏藏佛教后弘期重要寺庙，

两处寺庙已经列入《世界文化遗产名录》），还考察了托林寺、玛朗寺和科迦寺的建筑与壁画，考察的成果便是《梵天佛地》著作的第一、二、三卷。正是这些著作奠定了图齐研究藏族艺术和藏传佛教史的基础。后三次（1937、1939、1948）的藏地考察是从喜马拉雅中部开始，注意力转向卫藏。1925—1954 年，图齐六次调查尼泊尔，拓展了在大喜马拉雅地区的活动，揭开了已湮没的王国和文化的神秘面纱，其中印度和藏地的邂逅是最重要的主题。1955—1978 年，他在巴基斯坦北部的喜马拉雅山麓，古代称之为乌仗那的斯瓦特地区开展考古发掘，期间组织了在阿富汗和伊朗的考古发掘。他的一生学术成果斐然，成为公认的最杰出的藏学家。

图齐的研究不仅涉及佛教，在印度、中国、日本的宗教哲学研究方面也颇有建树。他先后出版了《中国古代哲学史》和《印度哲学史》，真正做到"跨越喜马拉雅、扬帆印度洋"，将中印文化的研究结合起来。

终其一生，他的研究都未离开喜马拉雅山脉和区域文化。继图齐之后，国际上对于喜马拉雅的关注，不仅仅局限于旅游、登山和摄影爱好者，研究成果也未囿于藏传佛教，这一地区的原始宗教文化艺术，包括印度教、耆那教、伊斯兰教甚至苯教都得到发掘。笔者手头上就有近几年收集的英文版喜马拉雅艺术、城市与村落、建筑与环境、民俗文化等多种书籍，其中有专家、学者更提出了"喜马拉雅学"的概念。

长期以来，沿着青藏高原和喜马拉雅旅行（借用藏民的形象语言"转山"）时，笔者产生了一个大胆的想法，将未来中印文化研究的结合点和突破口选择在喜马拉雅区域，建立"喜马拉雅学"，以拓展藏学、印度学、中亚学的研究范围和内容，用跨文化的视野来诠释历史事件、宗教文化、艺术源流，实现中印间的文化交流和互补。"喜马拉雅学"包含了众多学科和领域，如：喜马拉雅地域特征——世界第三极；喜马拉雅文化特征——多元性和原创性；喜马拉雅生态特征——多样性等等。

笔者认为喜马拉雅西部，历史上"罽宾国"（今天的克什米尔地区）的文化现象值得借鉴和研究。喜马拉雅西部地区，历史上的象雄和后来的"阿里三围"，是一个多元文化融合地区，也是西藏与希腊化的犍陀罗文化、克什米尔文化交流的窗口。罽宾国是魏晋南北朝时期对克什米尔谷地及其附近地区的称谓，在《大唐西域记》中被称为"迦湿弥罗"，位于喜马拉雅山的西部，四面高山险峻，地形如卵状。在阿育王时期佛教传入克什米尔谷地，随着西南方犍陀罗佛教的兴盛，克什米尔地区的佛教渐渐达到繁盛点。公元前1世纪时，罽宾的佛教已极为兴盛，其重要的标志是迦腻色迦（Kanishka）王在这里举行的第四次结集。4世纪初，罽宾与葱岭东部的贸易和文化交流日趋频繁，谷地的佛教中心地位愈加显著，许多罽宾高僧翻越葱岭，穿过流沙，往东土弘扬佛法。与此同时，西域和中土的沙门也前往罽宾求经学法，如龟兹国高僧佛图澄不止一次前往罽宾学习，中土则有法显、智猛、法勇、玄奘、悟空等僧人到罽宾求法。

如今中印关系改善，且两国官方与民间的经济、文化合作与交流都更加频繁，两国形成互惠互利、共同发展的朋友关系，印度对外开放旅游业，中国人去印度考察调研不再有任何政治阻碍。更可喜的是，近年我国愈加重视"丝绸之路"文化重建与跨文化交流，提出建设"新丝绸之路经济带"和"21 世纪海上丝绸之路"的战略构想。"一带一路"倡议顺应了时代要求和各国加快发展的愿望，提供了一个包容性巨大的发展平台，把快速发展的中国经济同沿线国家的利益结合起来。而位于"一带一路"中的喜马拉雅地区，必将在新的发展机遇中起到中印之间的文化桥梁和经济纽带作用。

最后以一首小诗作为前言的结束：

我们为什么要去喜马拉雅？

因为山就在那里。
我们为什么要去印度？
因为那里是玄奘去过的地方，
那里有玄奘引以为荣耀的大学
——那烂陀。

行走在喜马拉雅的云水间，
不再是我们的梦想。
边走边看，边看边想；
不识雪山真面目，只缘行在此山中。

经历是人生的一种幸福，
事业成就自己的理想。
慧眼看世界，视野更加宽广。
喜马拉雅，
不再是阻隔中印文化的障碍，
她是一带一路的桥梁。

在本套丛书即将出版之际，首先感谢多年来跟随笔者不辞辛苦进入青藏高原和喜马拉雅区域做调研的本科生和研究生；感谢国家自然科学基金委的立项资助；感谢西藏自治区地方政府的支持，尤其是文物部门与我们的长期业务合作；感谢江苏省文化产业引导资金的立项资助。最后向东南大学出版社戴丽副社长和魏晓平编辑致以个人的谢意和敬意，正是她们长期的不懈坚持和精心编校使得本书能够以一个充满文化气息的新面目和跨文化的新内容出现在读者面前。

主编汪永平

2016 年 4 月 14 日形成于乌兹别克斯坦首都塔什干 Sunrise Caravan Stay 一家小旅馆庭院的树荫下，正值对撒马尔罕古城、沙赫里萨布兹古城、布哈拉、希瓦（中亚四处重要世界文化遗产）考察归来。修改于 2016 年 7 月 13 日南京家中。

目　录

CONTENTS

喜马拉雅 城市与建筑文化遗产丛书

喜
马
拉
雅

城市与建筑文化遗产丛书

导　言

　　印度共和国，简称印度，位于亚洲南部，是南亚印度次大陆上的一个国家，英联邦的会员国之一，与孟加拉国、缅甸、中国、不丹、尼泊尔和巴基斯坦等国家接壤。印度是世界上人口第二多的国家，拥有人口约 12.48 亿（截至 2014 年 1 月 18 日）[1]，仅次于中国，占世界人口的近五分之一。古印度是人类文明的发源地之一，印度文明以其丰富、玄奥和神奇的特性深深地吸引着世人，对亚洲诸国包括中国产生过深远的影响。古代印度在文学、哲学和自然科学等方面对人类文明作出了独创性的贡献。

图 0-1　亚洲地图

---

1 维基百科：http://zh.wikipedia.org/wiki/ 国家人口列表、印度统计数据网站：http://www.indiastat.com。

1. 印度发展概况

公元前 2500 年左右印度河流域就诞生了人类文明，由于最早发现该文明遗址的地方位于现在巴基斯坦境内的哈拉帕和摩亨佐·达罗，所以这个文明也被称为印度河文明或者哈拉帕文明。该文明在公元前 2000 年左右突然衰落，衰落的原因在考古界则莫衷一是。近代基因研究显示印度人彼此的基因差异较小，可能是因为在古代遭逢过大的天灾使人口大幅减少的缘故。

公元前 1500 年左右，雅利安部落入侵印度西北部，创造了吠陀文明，又被称为恒河文明。为了区别雅利安人与本地土著居民，种姓制度逐渐开始盛行。公元前 3 世纪的整个印度半岛，除迈索尔地区外曾一度被孔雀王朝统治。但在阿育王与世长辞之后，孔雀王朝渐渐衰落，从此印度进入列国时期。这期间宗教盛行，文化艺术也迎来快速的发展时期。这段历史时期印度北部还诞生了一些国家，以贵霜帝国和笈多王朝最为著名。发迹于摩羯陀的波罗王朝曾在 770—850 年间短暂统一过北印度，期间阿拉伯人将伊斯兰文化带到了印度。12 世纪，来自于今阿富汗的伊斯兰化的突厥人反叛伽色尼王朝，建立古尔王朝，并大规模入侵北印度，攻占了印度河平原和恒河平原，向南推进到纳尔默达河，之后衍生出德里苏丹国。

葡萄牙人于 15 世纪末最先来到印度并载誉而归，随后赶来的西欧列强们在利益的驱使下，积极开展贸易，并在印度次大陆沿海设立贸易商馆，而这就是殖民地的雏形。中亚的帖木儿的后裔巴布尔在 1526 年攻灭印度德里苏丹国的最后一个王朝，建立了莫卧儿帝国，经历胡马雍、阿克巴、贾汉吉尔、沙·贾汗，到奥朗则布时代达到顶峰，帝国统治了印度次大陆的大部分地区。这时期的印度伊斯兰文明迅速发展，甚至诞生了独具特色的莫卧儿风格。遗憾的是，帝国因不断增长的宗教冲突而迅速衰落，慢慢地在与西欧列强的斗争中处于劣势。

1757 年的普拉西战役以英国东印度公司的胜利而告终，从而拉开了印度半岛沦为英殖民地的序幕。随后英国东印度公司在成功排挤掉竞争者法国后，势力不断扩张至全印度。1857 年印度民族起义爆发，虽以失败而告终，但也间接导致英国东印度公司统治印度的终结。之后，印度由英国女王直接统治，而这也标志着莫卧儿帝国的彻底完结。不列颠联合王国直接统治下的印度帝国共分为 13 个英管辖邦及一些由印度王公管辖的土邦。1877 年，英国维多利亚女王加冕为印度帝国的皇帝，1911 年，印度帝国的首都由加尔各答迁往德里。在两次世界大战中，印度士兵在英国军队中发挥了非常重要的作用。

随着印度现代化的缓慢深入，一部分印度上层文化人意识到由英国统治带来的巨大耻辱，民族主义逐渐开始流行，一些印度知识分子于 1885 年成立了印度国民大会党，简称国大党。该党于 1920 年重组，由主张独立的莫罕达斯·甘地获得领导权，并开展了一系列谋求印度独立的非暴力不合作运动。然而，英国殖民者利用印度教教徒和穆斯林之间的矛盾制造分裂，使得印度的穆斯林和印度教教徒之间的矛盾日益难以调和。之后，代表穆斯林利益的全印穆斯林联盟（简称穆盟）成立，穆罕默德·阿里·真纳成为该党领袖，印度的两大教派逐渐失去了团结的可能性。

英国在第二次世界大战后实力锐减，在印度民族主义及非暴力不合作运动的影响下，其对印度的管理已力不从心。1947 年《蒙巴顿方案》被提出并致使印巴实现分治，各自走上独立的道路。1950 年 1 月 26 日，印度共和国宣布成立。

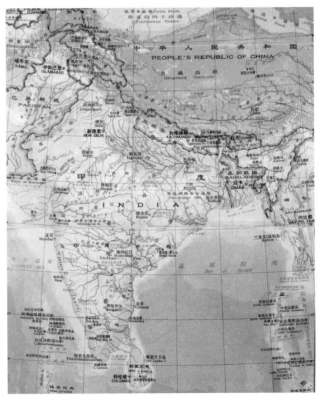

图 0-2　印度地形图

2. 人文地理环境

位于印度次大陆的印度主要由三个地理区组成：北部喜马拉雅山区的高山区、恒河平原（Indo-Gangetic Plain）以及南部的德干高原。印度在英殖民统治前从未真正意义上实现过政治上的统一，这三个区域也就成了印度文明的大致分野。

其中恒河平原区最为重要，这里集中发生了印度史上众多的重大事件，早期也有许多重要的文明发迹于此。温迪亚山脉构成了南、北印的大致分界线。得益于山地交通的局限性，山脉以南的德干高原地区很少受到来自印度北部势力的侵

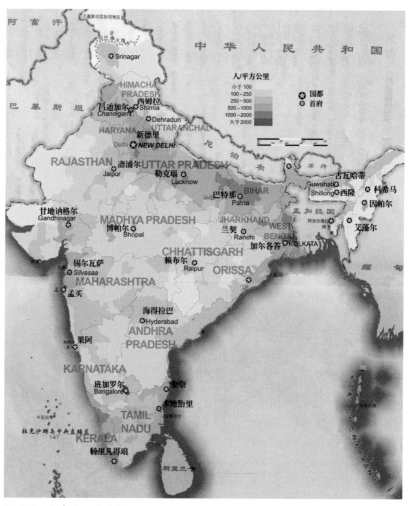

图 0-3　印度人口分布图

扰，因而在社会发展过程中保持着其自身的独特性。印度全境炎热，大部分地区属于热带季风气候。6 月份至 10 月份的雨季及 11 月份至 2 月份的旱季构成了印度全年最主要的气候分区。夏季有较明显的季风，冬季因北部高山的原因很少会受到寒流的影响。

印度的主要族群包括了 72% 的印度 – 雅利安人和 25% 的达罗毗荼人以及少量非定居的族群。人口主要分布在北部平原地带及沿海各大城市区（图 0-3）。印度也是一个宗教色彩非常浓厚的国家，是众多宗教的发源地，可以在印度发现世界上几乎所有的宗教，有"宗教博物馆"的美誉[1]。全印度约有 80.5% 的人口信仰印度教，其他的主要宗教团体还有伊斯兰教（13.4%）、基督教（2.3%）、锡克教（1.9%）及耆那教。因早期基督教的传入和近现代以来受到英国殖民统治影响，基督教在印度保持着一定的规模。佛教起源于印度，如今在印度的影响力比较小，但佛教的传播对印度周边的国家却有相当大的影响。

---

1 陈传舰 . 月亮之国——印度 [J]. 地理教育，2010（03）.

第一章　印度近代殖民史的发展概况

作为世界四大文明古国之一，印度在人类文明史上曾经创造过辉煌灿烂的文化，建立过一度横跨整个南亚次大陆的莫卧儿帝国。然而，从15世纪末开始，随着海上新航路的开辟，葡萄牙、荷兰、法国和英国等西方列强纷纷入主印度次大陆。随着莫卧儿帝国的逐渐衰落，列强们在丰厚利益的驱使下不断扩大自己的势力范围。18世纪后英国人通过长期的殖民争霸战，凭借其强大的经济和军事实力，成功地排挤和击溃了其他欧洲列强，把主要竞争对手法国的存在削弱到只剩下几个小殖民点，从而树立了在印度的霸主地位。到19世纪中末叶，印度俨然已是英国女王王冠上最璀璨、最耀眼的一颗宝石。印度地位如此重要，正如英国驻印总督柯曾勋爵所说："我们失去所有的领地后仍能生存下去，但如果失去印度，我们的太阳就会陨落。"[1]

第一节　西方列强在印度的早期殖民活动

1. 葡萄牙及荷兰人早期殖民活动

新航路的开辟后，身为中央集权的封建国家葡萄牙和西班牙率先踏上殖民之路。早期西班牙人以美洲方向为主，葡萄牙人则除了南美地区外还将自己的目光集中在了亚洲及非洲地区，尤其是印度洋沿岸的广大地区。早在16世纪初，非洲东、西岸及印度半岛西岸的一些交易点已被葡萄牙人牢牢控制。不久之后，勇于冒险的葡萄牙人又征服了印度洋连接太平洋的咽喉要道马六甲，成为这里的海上霸主。

1498年，著名葡萄牙航海家瓦斯科·达·伽马从非洲南端绕行来到印度西海岸港口城市卡利库特，这标志了西方殖民势力进入印度的开始（图1-1）。卡利库特是当时印度西南部地区主要的对外通商口岸，外商云集。达·伽马来到卡利库特后得到了在此通商的许可，并在返回时带回一船印度特产，获利丰厚，轰动了欧洲。

紧接着葡萄牙殖民者在位于喀拉拉邦的科钦建立了第一个欧洲贸易据点，而这也标志了印度殖民时代的真正到来。1505年，葡萄牙国王任命阿尔梅达作为第一任葡萄牙印度总督，着手建立东方海上殖民帝国。1510年，阿尔梅达的继任者

---

1 美国时代生活图书公司. 王冠上的宝石——英属印度（公元1600—1905）[M]. 杨梅，译. 济南：山东画报出版社，2003.

阿尔布凯克武力征服了一直被穆斯林统治的港口城市果阿。葡萄牙人将果阿视做自己位于东半球的首府，并重点设防，甚至安排了一支舰队驻守在那里。这位葡萄牙总督当时还许可了一项政策，允许葡萄牙士兵和水手与当地的印度女孩通婚。这成为后来果阿和亚洲的其他葡萄牙殖民地种族混杂的一个最重要的原因。后来，葡萄牙人以印度西海岸为中心，又逐渐在印度东海岸以及隔海相望的斯里兰卡建立了一批殖民据点。

整个 16 世纪，葡萄牙人控制了欧洲经非洲到印度的航线，独占了印度与西方的海上贸易，称霸于印度洋（图 1-2）。然而到了 17 世纪，情况发生了变化。葡萄牙人势力渐消，荷兰人闯入香料群岛，渐渐取代了葡萄牙人的地位，之后又来到印度，排挤葡萄牙人的商业空

图 1-1　达·伽马画像

间，抢占它的地盘。不过葡萄牙人仍保有其在果阿、达曼、第乌的据点和少数商馆。

荷兰商人 16 世纪末就成立了一些公司到达东方开展贸易。1602 年这些小公司联合成立荷兰东印度公司，由国家授权垄断对东方的贸易。荷兰东印度公司拥有其他贸易公司所没有的诸多特权，如宣战、媾和、修筑要塞等等。荷兰人把自己的重点放在夺占香料群岛、垄断香料贸易上，来印度贸易是第二位的任务。1605 年，经高康达国王同意，荷兰人在东南海岸的默吉利伯德讷姆建立了他们在印度的第一个商馆。和葡萄牙人比较起来，荷兰人在印度主要是扩张贸易，暴力掠夺相对少一些。这是因为：（1）环境不同了，印度已建立莫卧儿帝国，它正在进一步拓展领土；（2）印度南部有比贾普尔及高康达两个大国，分裂局面相对减弱；（3）葡萄牙船只和人员是国家公派的，荷兰则是私人公司经营，公司力量有限，不敢轻易造次；（4）荷兰是新教国家，没有葡萄牙人那种宗教狂热。

当然，这不是说荷兰人就不进行暴力掠夺了。他们以武力推行胡椒贸易垄断，对一些王公发动战争，其掠夺性不亚于葡萄牙人。荷兰人从孟加拉、比哈尔、古吉拉特和科罗曼德海岸输出生丝、纺织品、动植物油、硝石、大米等，从马拉巴

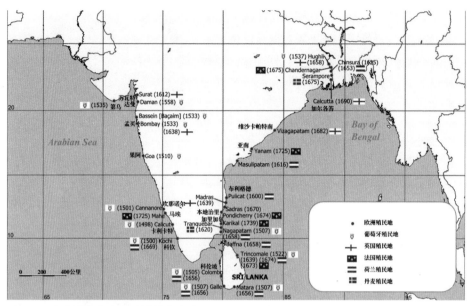

图1-2　欧洲国家在印度殖民地的分布（1498—1739）

尔海岸输出香料。香料和部分纺织品输往欧洲，其他产品输往香料群岛和附近亚洲国家。17世纪后半期，荷兰从印度输出的商品总值超过所有其他国家，对刺激印度手工业的发展起到了明显的作用。

2. 英国东印度公司早期殖民活动

英国王室和大商人早就怀着羡慕、嫉妒的心情注视着葡萄牙、西班牙的海外扩张。英国国王派出航海家探索通向东方的航路，但失败了；派出商人从陆路到东方寻求贸易，但多半中途受阻。1588年英国歼灭西班牙无敌舰队，成为海上大国后，极欲冲出大西洋，改变在殖民扩张中的落后地位。荷兰人在东方新近取得的成功刺激了英国商人，荷兰人在欧洲提高香料价格也惹恼了他们，促使他们下决心直接参与到东方贸易与竞争中。此时，通往东方的海路已不存在垄断，荷兰人打破葡萄牙人的垄断后自己也无力垄断，这使英国人到东方不存在任何形式的障碍。

早在1599年9月24日，英国伦敦的富商们就开始筹划设立一个专门从事东印度贸易的公司，并将该提议递交给了英国当局。1600年12月31日，英国女王伊丽莎白允准，授予特许状。公司领导将其定名为"伦敦商人对印度贸易的总裁和公司"（图1-3）。参与申请的215名商人、贵族以及市议员等等获准为公司

图 1-3　英国东印度公司总部（East India House）

成员。利凡特公司的领导托马斯·史密斯成为东印度公司的首任总裁，另外他还是当时的伦敦市议员。得益于特许状的授权，东印度公司拥有了 15 年期限的经济贸易权，范围为玻那·埃斯佩兰萨角至麦哲伦海峡。1609 年国王詹姆士一世续延了特许状，并把 15 年期限改为永久性的授予。

东印度公司一开始并无固定的资本，个人自负盈亏。1612 年起，公司改组为股份公司，有固定资本。最初股东仅限于作为公司创立成员的 215 人，后因资金不足扩大招股，突破了成员的限制，随后又建立了股东大会和董事会。公司除拥有贸易垄断权外，在它成立以后的数十年中，还逐步从国王那里得到贸易以外的特权。这些渗透到各个角落的诸多特权成为东印度公司殖民扩张的有力武器，其包括但不仅限于以下内容：

第一，对公司内部员工的司法权。1600 年特许状就允许公司制定法律，约束自己的职员，对违犯者可以处以罚款、监禁等。1615 年国王又授权公司可对罪犯判处各种刑罚甚至死刑（要有陪审团的裁决），条件是公司颁布的法律不得违背英国现行法律。授予公司立法、司法权被认为是在远洋贸易情况下保证内部秩序所必需[1]。

---

1 林承节.论英国东印度公司如何转变为国家政权[J].南亚研究，1988（01）：31.

第二，建立要塞、武装防卫、任命官员的权力。1661年国王查理二世颁发的特许状准许设防和建立武装力量守卫，还规定公司有权任命官员管理要塞，这被认为是保卫商业利益的需要；后又被允许派遣战船、运送弹药、保卫商馆和贸易点，并可任命指挥官。

第三，拥有军队的权力。1669年特许状规定允许英国的军官和士兵为公司服务，据此，公司建立了最早的军队。1683年允许招募军队，1686年允许其建立海军。

第四，1677年特许状规定允许公司建立铸币厂，铸造印度货币供公司在印度使用。

第五，对非基督教国家宣战媾和的权力，即对东方国家发动侵略战争的权力，这是1683年特许状中规定的。

第六，有权自行处理在战争中得到的领土，但国王保留对公司所占领土的最高领有权，这也是1683年特许状中规定的。

第七，建立政府和法院，即授予统治权，这是后来在马德拉斯、孟买等地建立殖民据点后得到的授权（1687年特许状和1726年特许状）。

东印度公司得到这样多的贸易以外的权力，就不再是纯商业组织，而成了一个商业、政治、军事、司法四合一的组织了，其特权比荷兰东印度公司得到的还要广泛。这样一个组织正是英国对东方进行殖民侵略所需要的工具。

英国国王和英国议院这样做的好处是：在政府还没有足够的实力直接从事海外扩张的情况下，支持公司进行海外扩张，有利于迫使东方民族就范，有利于击败国际竞争者；海外贸易能带动英国手工业、商业、航海业的发展，并从海外大量掠夺财富，这正是英国资本原始积累的迫切需要；由公司出面抢占殖民地，扩大势力范围，英国统治者既可坐收渔人之利，又无需为侵略战争担负费用和风险。这对英国统治当局来说当然是一举数得的好事，可逐渐地，这种垄断形式的贸易也暴露出了问题。

18世纪初东印度公司的贸易垄断权不断遭受到英国其他商人的强烈指责，他们均要求拥有平等分享利益的机会。东印度公司为维护既得利益便大肆行贿，有时也应政府要求贷款给政府。英国革命后，国王颁发的特许状失效，需要有议会的特许状。克伦威尔以公司保证借款给政府作为更换特许状的条件，首开政府强迫公司借款的先例。以后政府要求越来越高，公司无力全部应承。1698年，议会通过法案，允许能向政府贷款200万英镑的个人或团体成立新的对东方贸易的公

图 1-4　鼎盛时期的联合东印度公司旗帜

司。一批商人答应贷款，成立了"英国对东印度贸易公司"。原来的公司按议会规定三年后要解散。后来经过调解，新老两公司决定合并，1708 年成立"英商东印度贸易联合公司"，简称"联合东印度公司"。新公司根据议会 1698 年特许状存在，各种先前由国王授予的特权都被保留。此后，在印度进行持续性扩张、征服、统治的就是联合东印度公司（图 1-4）。

东印度公司 1601 年开始派船到东方贸易。最初的目标是得到香料，目的地是香料群岛。1608 年"赫克托尔"号船长霍金斯奉公司董事会之命，在由班达岛返航途中，将船驶到印度西海岸的苏拉特上岸，奔赴莫卧儿帝国都城阿格拉晋见圣上。直到 1609 年霍金斯才被约见，他将英国国王的亲笔书信交给皇帝贾汉吉尔，并在宫廷里居住到 1611 年 11 月。贾汉吉尔有意答应，但葡萄牙人从中作梗，霍金斯一无所获。1612 年东印度公司在第十次航行中派出两艘船去往印度，在苏拉特附近海面遭遇葡萄牙战船并将其击败，至此公司才得到贾汉吉尔允准，于 1613 年在苏拉特设立商馆。这是英国人在莫卧儿帝国境内设立的第一个商馆。此前，东印度公司 1611 年派人来印度南部的高康达国要求通商，经国王允准，在默吉利伯德讷姆建立了商馆。

东印度公司进入印度后，经过调查认为首要的任务是争取莫卧儿帝国和南印国家统治者允许在印度建立更多商馆。1614 年，公司的船队在苏拉特发现地方统治者不满葡萄牙人的专横，就支持地方统治者打败葡萄牙船队。为感谢东印度公司的行为，莫卧儿皇帝决定将与公司的贸易往来协约化，这对于东印度公司来说是一个千载难逢的好机会。此后公司势力在印度半岛不断扩张，其设立的贸易商馆很快遍布印度东、西沿海口岸及船运发达的内陆地区。

（1）科罗曼德海岸：东印度公司最早在这里设立的商馆为 1626 年的阿马冈

图 1-5　位于马德拉斯的圣乔治堡

商馆，当时这里属于南印的高康达国。1639 年，公司在从当地王公那里租来的一块地上建立了圣乔治堡（St.George Fort），代价为每年需支付 600 英镑的租金，而这对于英国人来说是非常划算的买卖。这里发展十分迅速，经济繁荣且具有重要的军事意义，1653 年后发展成为马德拉斯市（图 1-5）。

（2）孟加拉湾沿岸：1651 年东印度公司得到莫卧儿皇帝沙·贾汉允准在孟加拉胡格利建馆，后又在卡锡姆巴札尔和比哈尔的巴特那建馆。1658 年，所有孟加拉、奥里萨、比哈尔以及科罗曼德海岸的商馆都被置于圣乔治堡管辖下。1690 年公司在孟加拉胡格利河口的苏塔纳提建商馆，1698 年在这里建立威廉堡（William Fort），后发展成加尔各答市。原来由乔治堡管辖的孟加拉、奥里萨及比哈尔的商馆从 1700 年之后全部纳入威廉堡的管理范围之内。

（3）西部海岸：1668 年东印度公司获得孟买的统治权（孟买原为葡萄牙人侵占，1661 年葡萄牙国王将其作为公主陪嫁礼物赠送给英国国王查理二世，随后英国国王将其转赠给东印度公司）。1687 年以后公司在西海岸的中心由苏拉特迁至孟买，所有位于西海岸的商馆归孟买管辖。

经一步步发展，英国人在印度初步形成了以马德拉斯、孟加拉和孟买三大管区为中心的管理体制，其下各辖一批商馆。

17 世纪东印度公司在印度的地位初步巩固后，开始试图谋求贸易的特权。奥朗则布去世后，公司见他的继任者们软弱，试图谋求贸易上的进一步优待。经过协商，皇帝法鲁克西雅尔不得已于 1717 年颁令，宣布东印度公司拥有在孟加拉和原高康达国境内得到的缴固定税款特权，又规定在古吉拉特每年缴 1 万卢比税款免除一切关税和税收，还允许公司铸造印度货币在印度通用。莫卧儿皇帝轻易地把这么多特权拱手相送，十足表现了封建统治者的昏庸。当然，除了自身迫于无奈，当时的印度统治者允许东印度公司的存在还有经济上的考虑。毕竟西欧商人手中有从美洲掠夺的白银和黄金，他们可以大量购买印度精美的棉织品和丝织品，而这促进了印度出口商品生产的进一步扩大。出口商品的增长还促进了农产品的生产，17 世纪中叶，在孟加拉和旁遮普的一些地区，已经有几十万农户从事出口棉织品的生产了。

在谋取商业特权的同时，东印度公司开始在印度建立设防据点，作为日后扩大侵略的基地。17 世纪中期由圣乔治堡发展而成的马德拉斯是第一个这样的基地。圣乔治堡驻有军队。这个新城市除有英国人居住，还有印度人居住区。商馆成了政权，商馆主管人成了统治者，其职员成了主持行政、司法机关的官吏。他们利用土著上层，给予一定职责，令其维持社会秩序。商馆还以分摊防务费用名义向印度居民收费，这就是最早的税收。显然，马德拉斯已经成了一块小型殖民地，尽管这块土地还是租来的。当马德拉斯逐渐发展起来使公司看到好处后，占领领土的野心更得到发展。1685 年，在莫卧儿帝国的步步逼迫之下，高康达向英国人发出请求。唯利是图的英国人此时想到的不是高康达人民的安危，而是自己对马德拉斯的拥有权，并试图以此作为要挟，这当然遭到了高康达国王的鄙视。最终孤立无援的高康达王国于 1687 年被莫卧儿帝国兼并。

孟买的获得使东印度公司有了第二块小型殖民地。公司每年缴给英国国王 10 英镑租金，象征承认英王对这块地的主权。在公司看来，这块土地是英国国王赠予的，与印度毫不相干。它在这里建立了政权。东印度公司苏拉特商馆的主管人兼任孟买总督，印度居民要向公司纳税。1686 年公司在这里建铸币厂，铸造印度货币。奥朗则布对此曾经非常恼火。

为躲避战乱，两个小型殖民地附近的印度人纷纷移民到这里，使得两地人口不断增长。随之而来的是税收的大幅增长，而这种既得利益成为东印度公司领导层试图扩大殖民范围的主要诱因之一。17 世纪 80 年代起，东印度公司在指导思想上已明确地把占领领土、建立殖民帝国作为与贸易同等重要的任务。1688 年，东印度公司开会研讨并最终决定，要求其在印度的代理人努力在印度"建立一种行政和军事权力的体制，并设法获得大量的税收，作为未来在印度建立一个广大、巩固和安全的英国领地的基础"[1]。在另一份文件中又说，事态的发展"正创造条件，使我们成为印度的主权国家"[2]，东印度公司 1686—1688 年冒险对莫卧儿帝国发动战争也与这种指导思想有关。乔赛亚·蔡尔德作为这次事件的策划者对其负有重要责任，他作为当时东印度公司董事会主席曾口出狂言，如试图将东印度公司由"纯商业组织"变成"在印度的主权领导者"[3]。公司在 17 世纪 80 年代提出这样的目标，是因为看到奥朗则布统治后期，起义接二连三，统一局面有可能瓦解。但公司发动的战争以失败而告终，这使他们认识到，实现这个目标的时机还没有成熟，还需要等待。

17 世纪，在扩大殖民侵略基地方面的新进展是威廉堡（William Fort）的建立，威廉堡后来发展为加尔各答市。公司在孟加拉内地有一些商馆，但在胡格利河出海口没有，它一直要求在那里设立商馆，直到 1690 年才被允准在苏塔纳提设立。后来公司从当地王公手中买来土地用以修筑威廉堡，这里逐渐形成新的居民区，这就是英国东印度公司的第三个小型殖民地——加尔各答。1735 年加尔各答居民达 10 万人，1744 年孟买居民约 7 万人。

英国东印度公司在英帝国最终成功征服印度次大陆的过程中有着非常重要的意义，其主要作用可概括为：

（1）扩张大英帝国领土。

（2）殖民掠夺，积累原始商业资本。

（3）侵占印度次大陆这一战略要地，北指阿富汗，南指东南亚，东指中国，使得印度半岛成为英军有力的战略支撑点。

（4）加深殖民化，将殖民地转化成为英国工业品的销售市场，支持了国内资本主义的发展，从而进一步推进了殖民化浪潮。

（5）成功排挤掉了欧洲其他殖民大国。

（6）长期在印度的统治为日后帝国政府的直接统治管理积累了经验。

---

1 C L 雷德. 商业和征服 [M]. 伦敦，1971.

2 汤普逊，戈拉特. 英国在印度统治的兴衰 [M]. 阿拉哈巴德，1958.

3 雷德. 东印度公司内幕 [M]. 伦敦，1979.

3. 法国东印度公司早期殖民活动

法国商人 17 世纪初到过印度，但没有立定脚跟。直到 1664 年法国东印度公司成立，才真正着手在印度发展商业势力。法国东印度公司与荷兰、英国的公司不同，它是专制制度的产物。公司由国家控制，贷给资金，主要人员由政府任命。来自巴黎的事无巨细的指挥和监督，妨碍它在印度发挥主动性和灵活性。巴黎的指挥常常是过时的、脱离实际的，公司不能不听从，所以其早期活动进展迟缓。1668 年，公司在苏拉特建立第一个商馆，1669 年在默吉利伯德讷姆建立了第二个商馆。法国人看到自己在印度的角逐中落后，急于赶上。1672 年公司以武力占领了高康达国的圣·托梅，次年又被高康达与荷兰人的联合武装击败，只好放弃。但这一年他们从卡尔那提克的比贾普尔领地的省督那里买到沿海一小片土地和村庄，在那里建立了据点，这就是法国人后来在印度的重要基地——本地治里。17 世纪 90 年代，他们在孟加拉建立了昌德纳戈尔商馆，18 世纪二三十年代又在马拉巴尔海岸的马埃和科罗曼德海岸的卡利卡尔建立了商馆。荷兰与法国在欧洲的角逐对法国人在印度的地位起着不利的影响。本地治里于 1693 年被荷兰人占领，1697 年才归还。18 世纪初该地人口达到 4 万。法国东印度公司财政拮据，18 世纪初把在苏拉特、默吉利伯德讷姆的商馆都放弃了。直到 18 世纪 40 年代初，法国人在印度的角逐中一直处于很不显眼的地位。

4. 英法殖民者的角逐

到 18 世纪中期，在印度的西方殖民主义势力中，葡萄牙人已经衰落，只保有果阿、第乌、达曼等少数据点；荷兰人一直与英国人进行激烈的商业竞争，但显然处于下风，因为英国人获得了商业特权，荷兰人却没有，在军事力量和外交能力方面，他们也不是英国人的对手。法国人更处于次要的地位。英国人本来是独具优势的，岂料 18 世纪 40 年代后法国人在新的形势下突然活跃起来，势力迅速膨胀，使局面突变，对英国人的优势构成挑战之势。这样，18 世纪殖民列强在印度的角逐便主要表现为英法互争雄长，如今已不是商业竞争，而是争夺在印度的殖民霸权了。

18 世纪上半期印度割据局面的出现和伊朗、阿富汗人的入侵极大地鼓励了英法殖民者的侵略野心。英国人早就在等待这一天了，现在认为时机终于来到，便准备采取行动。可是，就在他们采取行动前，却突然发现，法国东印度公司已早于他们抢先动手了。

法国人突然变得敏捷起来与杜布莱克斯任总督有直接关系。他是一个野心勃勃的殖民主义者，1742年被法国政府任命为本地治里总督后，鉴于印度的风云突变，便积极盘算如何趁印度内乱之机，在南印度建立一个殖民帝国。他几乎是未经踌躇便得出了应该立即行动的结论。他认为只要有一支按欧洲军队方式训练的印度雇佣军，就可以征服或控制混乱中出现的印度小封建国家。此前（1740），法国人已开始建立一支印度雇佣兵队伍，由法国军官指挥。杜布莱克斯立即扩充其兵员，不过他认为在诸侯纷争的情况下，最有效的扩张途径是设法利用其纷争，实现政治控制，必要时再使用武力。杜布莱克斯首先插手海得拉巴的王位之争，实现政治控制。杜布莱克斯使法国东印度公司的活动急剧转向，建立殖民帝国的目的超过商业考虑，成为公司第一位的任务。

当英国人发现法国人已走到自己前面时，便迅即仿效法国人建立印度土兵队伍（1746），同时开始插手印度封建王公的内争。

英法殖民者怀抱同样的野心，又都不愿让对方占据优势，因而不可避免地要发生尖锐冲突。这种冲突迅速演变成战争，这就是卡尔那提克战争。卡尔那提克战争进行了三次。第一次卡尔那提克（1746—1748）是奥地利王位战争在印度的扩展。英国海军捕获法国船只，法国舰队到印度报复，1746年法军攻克马德拉斯[1]。卡尔那提克的纳瓦布认为在他的领土上出现法军占领英国据点的情况是不能被允许的，于是派兵助英，也被击败。英国人从陆海两路进攻本地治里，以图改变战局，但没有结果。这时奥地利王位继承战争结束，英法在印度的战争随即停止。根据在欧洲签订的《亚琛条约》，马德拉斯归还英国人。

第二次卡尔那提克战争（1749—1754）完全由英、法东印度公司在印度的争夺引起。法国人积极在海得拉巴扩张势力。1748年分别插手海得拉巴和卡尔那提克王位继承争端，希望借扶植傀儡控制这两个国家。海得拉巴的统治者尼扎姆这年去世，儿子纳西尔·姜格继位，外孙穆扎法尔·姜格起而争夺王位，得到法国人支持。此时，卡尔那提克也发生了王位争端。法国人支持前纳瓦布的女婿昌达·萨希布争夺王位。杜布莱克斯与海得拉巴、卡尔那提克的两个王位争夺者结为同盟。

---

1 莫卧儿帝国分裂后，马德拉斯在卡尔那提克境内。

1749 年，昌达·萨希布在安布尔击败并杀死了卡尔那提克的纳瓦布安瓦尔·乌德·丁，成了纳瓦布。安瓦尔·乌德·丁之子穆罕默德·阿里逃到特里奇诺波里，被法军包围。英国人立即采取针锋相对的措施，支持穆罕默德·阿里和海得拉巴的纳西尔·姜格，并派一支 300 人的队伍，站在纳西尔·姜格一方作战。1750 年，纳西尔·姜格被杀，穆扎法尔·姜格成了海得拉巴的统治者。为感谢法国盟友，他任命杜布莱克斯为克里希纳河以南至科摩林角之间广大地区的省督，并让予本地治里附近及奥里萨部分沿海地区领土，一支法国军队被要求常驻海得拉巴。杜布莱克斯在南印建立帝国的美梦似乎就要实现了。

英国人全力支持穆罕默德·阿里。为解特里奇诺波里之围，公司职员克莱武提议突袭萨希布的都城阿尔科特。在得到上级同意后，他率领一支 800 人的军队，于 1751 年 9 月 12 日突袭成功，占领了阿尔科特。英军又打败进攻马德拉斯的法军。穆罕默德·阿里成了卡尔那提克的纳瓦布。1754 年英法两方签约，承认穆罕默德·阿里的合法地位，法国人放弃北西尔卡尔（即奥里萨沿海地带）。英国东印度公司在卡尔那提克取得支配地位，法国人则仍在海得拉巴保留了自己的势力。

1756—1763 年发生了第三次卡尔那提克战争。这是英法在欧洲进行的七年战争（1756—1763）在印度的扩展。此时由于英国人已在孟加拉得势，英法在印度的力量对比显然有利于英国。1757 年 3 月，法国人在孟加拉的据点昌德纳戈尔被英军占领。1758 年英法两国都派军队来印。法军攻占大卫堡，但围攻马德拉斯失败。英国舰队打败法国舰队，然后全面反攻。到 1761 年，本地治里、金吉、马埃等法国据点一个接一个地投降，法国人丧失了一切据点。根据七年战争结束签订的《巴黎条约》，本地治里等 5 个据点交还法国但不能设防。从此，法国人在印度仅保留商业势力，不复成为英国的政治竞争对手。杜布莱克斯在印度建立法国殖民帝国的美梦最终破灭。

法国在印度角逐的失败是必然的，这不仅是因为法国东印度公司实力逊于英国东印度公司，更重要的是法国的实力逊于英国。可以说战争的结局主要不是在印度决定的，而是由英法世界商战中的实力对比决定的。

第二节　印度沦为英国殖民地

1.普拉西战役——英国征服印度的开始

在与法国人角逐的同时，英国殖民者积极窥察动向，在南印度以外的其他地区寻找新的插手机会，孟加拉突然发生的事件正好给他们提供了良机。孟加拉是印度最富庶的地区之一。英国人在此设有许多商馆，并建立了加尔各答小型殖民地。在南印度插手王公内争的成功，使他们非常希望在孟加拉故技重演。在小外甥西拉杰·乌德·朵拉被纳瓦布·阿拉瓦迪汗指定为继承人后，他的两个大女儿心存不满，试图争取王位，各有一批追随者。英国人对这种机会求之不得，便插手其中，支持她们的阴谋活动，又不经纳瓦布允许，擅自在加尔各答增修炮台。阿拉瓦迪汗鉴于南印发生的事件，对外国人的侵略野心有一定警惕，一再讲到要防范英国人的不轨行径。因此西拉杰·乌德·朵拉在1756年刚即位不久后就责令英国人将未经批准修建的炮台拆除掉。纳瓦布屡次交涉均遭到了拒绝，他意识到英国人怀有的巨大野心，并决定采取行动迫使英国人屈服。1756年6月4日，他首先派兵攻占卡锡姆巴札尔的英国商馆，6月20日出兵占领加尔各答。英人退到海上，后退至富尔塔。

这个消息传到马德拉斯，那里的公司总督决定立即派兵收复加尔各答。一支由海军上将沃森和克莱武率领的3 000人的军队乘船在孟加拉登陆，1757年1月2日重新占领了加尔各答。西拉杰·乌德·朵拉缺乏战略性计划，见英军到来，不知所措，在缺乏准备的情况下，迫于压力于2月9日与英军谈判。其结果是许诺赔偿战争损失并将东印度公司的特权恢复至战争前。对于英国人来说，这当然是乘胜追击的大好机会。因此，沃森和克莱武不顾西拉杰反对，占领了法国商馆所在地昌德纳戈尔，接着，以纳瓦布收容法国人为由再兴战端。

纳瓦布当时有数万大军，财力也充足，但将领不忠。大商人、金融家与英国人联系密切，希望进一步发展关系。克莱武了解这种局势，知道单靠军事进攻，并无成功把握，而施展政治阴谋却有广阔天地。

克莱武由东印度公司大代理商阿米昌德牵线，收买了纳瓦布的将军米尔·贾法尔，又取得孟加拉最大金融家贾格特·塞特的支持，他们一起订了密约。米尔·贾法尔应允帮助英国人推翻西拉杰，条件是扶植他当纳瓦布。纳瓦布另一

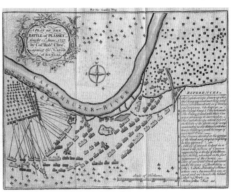

图 1-6　描述普拉西战役的油画　　　　图 1-7　普拉西战役形势图

名将领罗·杜尔拉布也参与了阴谋。阿米昌德要求在密约上写明应给他的一大笔酬金，克莱武用伪造沃森签字（沃森并不赞成采用这种密谋手段）的假密约文本欺骗了他。

纳瓦布率领的孟加拉军和克莱武率领的英军在普拉西摆开决战架式（图 1-6、图 1-7）。前者有 70 000 人，40 门大炮，后者只有 3 000 人。在走向战场时，克莱武忐忑不安，唯恐发生变故。然而，6 月 23 日交战中，米尔·贾法尔和罗·杜尔拉布果然按兵不动，在前锋小有接触后，就力促纳瓦布下令收兵。收兵变成了大溃逃，纳瓦布一气逃回首都穆希达巴德。这样，克莱武未经艰苦的战斗就取得了决定性胜利。西拉杰几天后被俘，遭到杀害。米尔·贾法尔被安置到纳瓦布宝座上，成了英国人的傀儡。

英国人吹嘘自己的胜利，但也不得不承认，这个胜利不是来自战场，而是来自密室，来自卑鄙手段，来自那些拿国家主权做交易的卖国贼们的拱手相送。1757 年 6 月 23 日，普拉西战役使得英国东印度公司实际上控制了孟加拉地区。东印度公司以武力征服全印度由此开始（图 1-8）。

2. 征服印度全境

孟加拉被征服使英国人武力征服印度的第一步旗开得胜，这对印度日后命运产生了重大影响。然而在当时，还没有人对这个事变给予特别注意。封建王公们依然在那里你争我夺，互相厮杀。孟加拉的变化在他们看来就像在其他任何地方发生的统治者更替一样平常无奇。当英国人巩固了自己的地位，又向着既定目标迈出下一步。当侵略者的拳头终于打到他们头上时，这些王公才突然认识到问题的严重性，慌忙起而应战。少数王公抗英坚决，但由于未曾做充分准备，大势已去，他们没有回天之力。王公一个接一个地被击垮，庞大的印度终于被小小的东印度公司蚕食鲸吞（图1-9）。

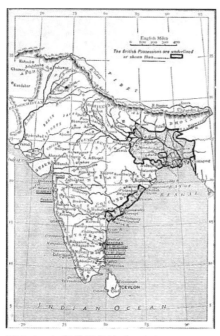

图1-8　印度英属领地（1767）　　　　　图1-9　印度英属领地的扩张（1706—1858）

　　加尔各答管区在领土上的扩展，对公司另外两个管区——孟买管区和马德拉斯管区是一个强烈刺激。后两者从18世纪60年代起也迫不及待地分别开始行动。

　　当时，印度南部主要有迈索尔、海得拉巴和马拉塔联盟等王国，英国殖民者充分利用各王国之间的矛盾，采取联此制彼、各个击破的战略，谋求对南印的全面控制。1767—1799年间，面对势力日益崛起的迈索尔王国，英国联合马拉塔联盟、海得拉巴王国，先后发动了四次入侵迈索尔的战争，最终在迈索尔扶植成立了一个听命于自己的傀儡政权，迈索尔成了英国的附属国。1775—1818年间，英国又迫不及待地发动了三次入侵马拉塔联盟的战争。英国挑拨离间联盟内部各王国之间的关系，采取联合一方、各个击破的策略，击溃了马拉塔联盟的军队，马哈拉施特拉等多处领地全部并入英国的孟买管区，至此英国人已经征服了除旁遮普、信德以外的印度全境。除了军事征服以外，对于那些威慑于英国势力的弱小土邦，英国则采取威胁和利诱并施的手段，用订立资助条约和驻军的办法把它们变成公司的附庸。经过短暂休整之后，到19世纪30年代，英国开始对信德和旁遮普下手了。信德地区此时已分成三个互不相属的伊斯兰教国家，1838—1841年间，英国通过与之订立资助同盟条约的方式，强迫它们接受英国驻军，并在外交上受英人监督，实际上把它们变成了附属国，随后又将信德纳入英国的直接控制之下。

在兼并了信德三个弱小的国家后，英国就把目标转向旁遮普。19世纪20年代旁遮普最强的锡克教军事首领兰吉特·辛格（西旁遮普的苏卡尔恰基亚锡克教公社的首领）征服了其他首领，第一次统一起了强大的旁遮普帝国。旁遮普近一个世纪来由于外族不断侵略和封建内争不停，经济衰败，民不聊生，统一大业得到广大人民衷心拥护和支持。兰吉特·辛格统治时期（1799—1839），为巩固统一、发展经济和增强国防，采取了一系列进步的改革措施使经济有所恢复和发展，保持了政治上的相对安定，增强了国家的实力，结果旁遮普出现了空前未有的兴盛局面。这也是萨特累季河对岸的英国人不敢贸然发动侵略战争的原因之一。兰吉特·辛格作为一个很有作为的君主，享有旁遮普人民的广泛爱戴，在印度近代史上占有重要地位。

然而，统一的旁遮普未能长久地保持下去。在征服和统一事业中发展起来的锡克教大封建主，随着国家经济的发展，其挥霍享乐的贪欲也在发展。由于战争的停止，他们不能再依靠占领新的土地和得到封赠赏赐扩大收入了，因此强烈要求开辟新的财源。兰吉特·辛格去世后，其后裔就用越来越多的国有土地来封赠上层，这样就削弱了中央政权的基础，增强了大封建主的势力，从而增加了分裂的因素。大封建主间争权夺利，结党拉派，完全置国家利益于不顾。这时，在政治舞台上出现了一个特殊现象：锡克军队下级军官不满大封建主的内讧，出于爱国热情，组成军人委员会，来监督政府的国防政策，1844年控制了中央权力。大王和他的朝廷依然存在，但在保卫国家的问题上必须听命于军人委员会。军人参政的出现与锡克教存在的军事民主传统有关，代表了中小封建主的利益，也反映了下层人民的要求。军人委员会镇压勾结英人的内奸，打击蓄意不服从的封建主势力，威震全国。封建贵族和军队上层对军人委员会干政既不服气，又感到可畏，害怕这种监督会导致损害封建贵族的根本利益，因此千方百计在暗中破坏，力求摆脱这个可怕的恶魔。军人委员会虽掌握很大权力，但只是处于监督地位，各级高官和军队指挥权都原封未动。这是一个尖锐的矛盾，埋伏下未来形势逆转的危险的种子，因为贵族们既握有军事指挥权，也掌有行政领导权，于是有足够的力量来打击军队，实现自己的卑劣目的。这种情况在后来发生的抗英战争中淋漓尽致地表现出来：封建贵族和军队上层竟不惜采取借刀杀人之计，借助英国侵略者的力量来摧毁旁遮普人民用血肉筑起的抵御侵略者的"长城"。

1845 年底，英国人借口锡克国家军队侵入萨特累季河南岸英附属国领土，开始了对旁遮普的进攻。英国人了解旁遮普国家的政治形势，知道大封建主、军队上层与军人委员会的矛盾正好可以利用，就施展手段，收买宫廷权贵及军队上层指挥官多人，订立密约，从内部来破坏军人委员会坚定的抗英立场。1846 年 2 月 20 日，英军未经战斗就占领了旁遮普首府拉合尔，国家主权、人民利益，千万旁遮普的优秀儿子的生命都成了一帮封建贵族可耻的阴谋的牺牲品。英国未敢立即吞并旁遮普，1846 年 3 月 9 日与锡克国家签订了《拉合尔条约》，年底又订立了补充条约。两者内容包括：在旁遮普驻扎英军和英国驻扎官；成立摄政会议辅佐未成年的大君达利普·辛格，摄政会议的行动要听命于英国驻扎官；锡克军队大大裁减，大炮基本交出；赔款 1 500 万卢比；萨特累季河南岸的锡克领地及比阿斯河与萨特累季河之间的地区割让给英国人；克什米尔以 100 万英镑的代价卖给查谟王公古拉布·辛格，作为对他的犒赏。锡克军队和人民对这种丧权辱国的协定十分气愤。1848 年 4 月 19 日，木尔坦锡克教士兵和人民起义，波及白沙瓦等许多地区，有的封建主也参加起义，但因力量分散遭到镇压。1849 年 3 月 29 日，英国当局宣布兼并旁遮普，标志着英国人对印度的征服最终得以完成。

3. 印度沦为殖民地的原因

东印度公司征服印度，从 1757 年算起，到 1849 年兼并旁遮普为止，共用了 92 年时间。之所以如此旷日持久，首先是由于印度人民进行了抵抗，有些抵抗是很顽强的，可歌可泣的；其次，东印度公司以小灭大，以弱胜强，不能一蹴而就。英国人能取胜，主要是利用了印度的封建分裂状况。他们建立了土兵队伍，用印度人打印度人，土兵人数在 19 世纪中期达到 20 多万人，实际担当了征服印度的主力军的角色。在征服印度的方式上，它采用军事进攻和政治阴谋双管齐下的方式，从内部攻破堡垒，弥补其军事力量之不足；采取直接兼并和建立附属国并举的方式，避免了军力和精力的分散，减少了达到目标的阻力。英国人在印度，从整体上说原处于劣势，由于狡猾地使用上述手段，扬长避短，在解决一个个局部问题时，就使自己从劣势变成优势。这样逐步积累的结果，终于使整个力量对比发生了于它有利的转化。

印度如果有明确的抵御外侮的观念，如果能团结一致，就不会败给东印度公司。但这样的观念和行动在当时的印度是不可能有的。印度沦为英国殖民地归根结底是封建势力败于正在兴起的资本主义势力，是落后的封建制度败于正在向上发展的资本主义制度。

第三节　英国在印度的殖民统治

1. 印度民族起义与英国女王接管印度

东印度公司的掠夺，使得印度人民生活于水深火热之中，社会下层的反英情绪不断高涨。同时，19 世纪中期英国总督德豪西为掠夺王公土地而实施的"权利失效原则"，也激起了印度王公们的强烈不满。印度的局势已是"山雨欲来风满楼"，正如总督坎宁所说："我们千万不能忘记，在印度清澈明朗的天空下，会飘浮一朵乌云，开始不过是一个人的手掌那么大，但慢慢地，乌云会越变越大，最后可能产生毁灭性的力量，将我们的统治瓦解。"

　1857 年，英国殖民当局在印度土兵中强制推行使用涂有牛油或猪油的子弹，这严重侵犯了信奉印度教或伊斯兰教的印度土兵的宗教感情。印度教土兵手捧恒河水，穆斯林土兵面对《古兰经》，发誓要消灭英国殖民者。5 月 10 日，印度土兵在密拉特起义，次日，印度的政治中心德里被起义军攻占，起义军拥立 82 岁的莫卧儿帝国末代皇帝巴哈杜尔沙二世为领袖，号召全国反英。

德里解放的消息传遍全国，各地闻风回应，迅速形成烈火燎原之势，起义风潮席卷印度全境，并逐渐形成了以德里、勒克瑙（Lucknow）、坎普尔、占西等几个较大的起义中心。起义的爆发以及一些重镇的失守，使得英国在印度的统治变得岌岌可危，总督坎宁急忙从各处调兵遣将，疯狂实施反扑。6 月中旬，殖民当局调来几路大军围攻德里，经过为期三个月的艰苦抗战，德里最终陷落，皇帝遭到流放，数万义军和平民遭遇惨绝人寰的大屠杀。德里城中死尸枕藉，房子空空，成为一座名副其实的"死亡之城"。随后，英国殖民当局开始集中优势兵力围攻勒克瑙、坎普尔、占西等其他起义中心。

到 1859 年 4 月，这场规模浩大的民族大起义终于被镇压下去。虽说如此，1857 年印度民族大起义，大大地打击了英国的殖民势力，它说明了"由东印度公司来统治印度是多么不得人心，因而加强了那些希望把这个庞大的属国置于英国

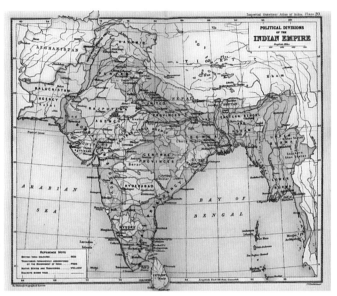

图 1-10　鼎盛时期的英属印度帝国疆域图

议会直接统治之下的人的力量"。

　　1858 年 8 月这一事件迎来了转折点，英国官方宣布印度将由英女王直接统治，这也标志了东印度公司彻底退出印度历史的舞台。东印度公司的破产不是偶然的，其原因主要有以下三点：

　　（1）公司职员贪污走私成风，使公司总收入锐减。

　　（2）因东印度公司对印度人民的横征暴敛，造成印度人民不断起义。而镇压起义需要大笔开支，这就造成了恶性循环，并最终使得公司深陷重重危机之中。

　　（3）东印度公司是商业垄断资本的代表，而后期工业资本在英国迅速发展壮大，商业资本逐渐失去了它往日的地位，这也是公司垮台的最主要原因。

　　同年 11 月 1 日，女王颁布诏书，承认东印度公司与所有土邦王公签订的一切条约，继续尊重土邦王公的权利、尊严和荣誉，并表示无意扩大目前的领土。这样，印度开始处于英国政府的直接统治之下。

2. 印度的民族独立斗争

　　到 1877 年 1 月，英国议会又通过一项法案，宣布英国维多利亚女王同时兼任"印度女皇"，各土邦王公成为女王的臣民。从此，印度成为英国女王王冠上的一颗金光闪闪的宝石，给英国人带来了无比的财富和荣耀（图 1-10）。然而英国的做法只不过是"换汤不换药"，印度人民在经济上受到压榨、盘剥，在政治上无权的地位依然没有任何改变，这最终促使了印度民族意识的觉醒以及民族主义政党的出现。

1885 年末，印度第一个民族主义政党——国大党成立大会在孟买召开，不过这时的国大党只不过是充当"英王陛下政府忠实的反对派"。到了 20 世纪初，国大党内出现了以提拉克为首的激进派，他们提出了印度司瓦拉吉（自治）的要求："司瓦拉吉是我们的天赋权利，我们一定要得到它，无论采取什么样的方式。"

1905 年，总督柯曾制定的孟加拉分割法案引起了全印度人民的不满，激进派抓住这一时机，提出实现自治、抵制英货等目标，发动工农群众进行了长达三年的斗争，结果遭到英国当局的镇压，提拉克被判六年监禁。在民族解放运动高涨之际，印度穆斯林的政治意识也开始觉醒，并着手组建自己的政治组织。1906 年末，以阿迦汗三世为主席的全印穆斯林联盟宣布成立。1912 年穆罕默德·阿里·真纳入主穆斯林联盟以后，该组织开始向激进方向转变。1916 年底，在勒克瑙年会上，国大党和穆斯林签署了一项为实现印度自治而共同奋斗的协定。

两党团结一致的抗争终于迫使英国政府考虑让步。1919 年，英国议会通过了《印度政府法》，改组印度的殖民政府，吸纳印度人参与政权，但这些让步离印度民族主义力量要求的自治相去甚远。也就在这个时候，从南非回国的"圣雄"甘地成为国大党领袖，并带领全国人民开始了非暴力不合作运动，其方式包括：抵制英货，提倡手纺车运动，实施罢业，举行祈祷、绝食、和平游行、示威等，以迫使英国当局允诺印度自治。1919 年 4 月 13 日，英国军队造成死伤达 1 500 多人的阿姆利则大惨案，愤怒的民众开始诉诸暴力，导致 1922 年火烧 22 名英国警察事件，无法控制局势的甘地遂宣布终止非暴力运动。20 世纪 30 年代初，甘地又发动了第二次非暴力不合作运动，抗租、抗税、反对食盐专卖、抵制英国货等风潮席卷全国，甘地本人领导的"食盐大进军"更是向英国当局显示了印度人民的抗争决心。

印度形势的发展使英国不得不做出重大让步，于是 1935 年的《印度政府法》出炉了。其内容是：将英属印度和各土邦合组成印度联邦，在各省实施自治。印度两党对于这一法案都坚决反对，但立法议会的选举仍按期于 1937 年举行，国大党大获全胜，并在七个大省掌权，穆斯林则处于劣势，由此导致印度两大政党之间的嫌隙日益加深，穆斯林们担心自己会被印度教教徒多数派统治，因而逐渐产生了建立一个伊斯兰国家——巴基斯坦的构想。

3.《蒙巴顿方案》的提出

1939年第二次世界大战爆发，英国把印度变成了其兵源地和战略物资基地。国大党针锋相对地展开了规模浩大的反英反战运动，遭到英国当局的镇压，尼赫鲁等领导人被捕入狱。穆斯林联盟不仅没有采取任何反英行动，反而在1940年拉合尔年会通过建立穆斯林独立国家的决议，穆斯林联盟领导人阿里·真纳认为，应使穆斯林人口占多数的印度的西北部地区和东部地区合并成为一个独立的国家。国大党不能接受穆斯林建立独立国家的要求，两党之间的对立越来越严重，其矛盾冲突的加剧直接侵蚀着印度作为一个统一国度的基础。

1945年，第二次世界大战结束，以艾德礼为首的工党在英国上台执政，如何解决印度问题，已经成为摆在工党政府面前的一个棘手的难题。因为对英国人来说，此时的印度不再是宝贵财富，而正在成为一种负担；它已不是大英帝国获取猎物的场所，而正日益成为危害帝国的温床。印度，这颗曾经是英国王冠上最灿烂的宝石，正在变成刺人的荆棘。工党政府急于甩掉这个"烫手的山芋"，上台之初就发布公告，要在印度尽早实现自治政府，并于1945年3月派遣以劳伦斯为首的内阁使团到印度考察，以帮助印度尽可能快、尽可能充分地获得自由。

1945年5月15日，《内阁使团方案》出炉，其内容为：印度组建成一个联邦国家；英属印度分为三个省集团，成立各自的行政、立法机构；在制宪会议召开前，成立临时政府。印度两党总体上对于方案表示赞同，但在组建临时政府问题上，国大党与穆斯林联盟产生了激烈的对立。总督韦维尔不顾穆斯林联盟的反对而授权国大党单方面组建临时政府，穆斯林联盟则宣布8月16日为建立巴基斯坦的"直接行动日"，当天在加尔各答、比哈尔和孟买等地，发生了激烈的教派流血冲突，造成数万人死亡。

印度局势的恶化使得英国政府不得不采取"快刀斩乱麻"的办法，临危受命的新总督路易斯·蒙巴顿于1947年3月抵达印度，以尽快完成政权的移交。此时，印度大规模教派仇杀仍在持续，局势的严峻性已经大大超出了伦敦方面的想象。6月3日，由蒙巴顿制订的《印度独立法案》在伦敦和德里同时公布，其要点为：英国将政权移交给印度继承的自治领；按照不同的宗教信仰将印度划分为印度和巴基斯坦两个自治领，孟加拉和旁遮普依据穆斯林和印度教教徒居住区进行分割；各土邦有权自行决定加入任何一方。这就是分割印度的《蒙巴顿方案》，虽然印度各方对此颇有微词，但从当时的形势来看，它的确是一种十分无奈而又现实的

选择。由英方主持的印巴"分家"工作在紧锣密鼓地进行，而《蒙巴顿方案》
7月18日在英国议会获得通过而成为正式法律。8月15日，英国将在印度的统治
权分别移交给印度和巴基斯坦两个自治领，它标志着英国长达200年的殖民统治
正式终结，在南亚这块辽阔的土地上，印度和巴基斯坦两个独立主权国家也由此宣
告成立。

　　印度人民经过长期的民族解放斗争，终于摆脱了英国殖民统治而获得独立，
然而这种独立的获得是以国家的分裂为代价。如果说印巴分治是为了解决当时愈
演愈烈的宗教冲突，那么分治以后这一目标并未实现。独立后印巴两国国内的教
派冲突仍然非常激烈。更为严重的是，在印巴分治过程中，由于克什米尔的归属
问题没有加以明确化，造成印巴两国独立后的几十年间，在克什米尔地区的军事
冲突持续不断，使南亚局势始终稳定不下来。

小结

　　谈到殖民统治，很多介绍殖民史的文献资料都用了较多负面的词语来描述殖民
主义：屠杀、掠夺、抢劫、奴役等等，殖民几乎就是罪恶的代名词。然而，一些
历史学家们提出了各自不同的观点。

　　殖民统治的这段特殊时期在印度悠久的历史长河中起着承上启下的作用，无
论是从政治体制到经济结构，还是从教育制度到社会观念，可以说，一切都有了
巨大变化。在掠夺财富的同时，英国人也把他们先进的文化思想、工业革命的最
新科学技术带到了这里，使得落后的印度次大陆能够有比以前更为进步的生产力。
印度原始的公社制自然经济被逐步瓦解，取而代之的是资本主义的不断盛行的市
场和商品经济。另外，英国的殖民统治也使得印度半岛实现了统一，而这成为独
立后的印度能够发展联邦制的先决条件。

第二章　印度殖民时期城市的建设与发展

以拉丁语科隆尼亚（Colonia）为词源，衍生出了 Colony（英语）、Colonie（法语）、Kolonie（德语）等广泛运用的"殖民地"概念。科隆尼亚不仅仅指移住地，还意味着受某集团政治和经济统治的地域。在西方列强帝国式入侵的地区，有保护地、租借地、特殊公司领地、委托统治领地等等各种形式的侵占区域，统称为殖民地。欧洲在工业革命过程中，孕育了早期萌芽的资本主义生产方式，与此同时也不断朝着世界其他地区进行原始资本的积累。这些财富成为西欧强国向产业资本主义转移的原动力。以这些地方为据点建设的城市就是殖民城市。本章要论述的对象就是西欧列强在印度的殖民城市。早期殖民者葡萄牙人在印度的一些据点除果阿、达曼等，其他都被后来的英法占据。荷兰人专注于在香料群岛的贸易，在印度没有实质性的据点。英法殖民者后来居上，专注于同印度的贸易，并想方设法在印度沿岸落脚，继而统治内陆地区。这期间印度沿岸产生了一大批欧洲殖民地，其中以英国在印度大陆三大管区的首府马德拉斯、孟买及加尔各答后来发展得最好。随着苏伊士运河开通及蒸汽船的发明，这三个港口的城市的地位更加突显。再后来英国人在印度次大陆开始了建设铁路系统，马德拉斯、孟买及加尔各答成为由港湾向内陆入侵的枢纽城市，它们进而成为英国统治整个印度次大陆的核心城市。

第一节　早期拉丁十字的扩张

果阿城的发展

果阿旧城建于 15 世纪，在毗奢耶那伽罗王朝和巴赫曼尼苏丹国时代是重要的港口城市，在阿迪勒·沙阿王朝是比贾布尔苏丹国的陪都，有护城河围绕，建有王宫、清真寺和庙宇等。

1498 年达·伽马在航行中需要在印度地区找一处中途停靠点，而印度喀拉拉邦的科泽科德成为他踏上印度次大陆的第一站，日后他转至今日的果阿地区（图 2-1），从而开启了果阿城具有传奇色彩的历史新篇章。在这之前，传统上的从印度到欧洲的陆上香料贸易路线被奥斯曼帝国所中断，而葡萄牙人试图打破这一平衡。为了将印度至欧洲的香料贸易控制在自己手中，葡萄牙人将目光停留在了海上，并试图在印度沿海地区设置属于自己的殖民地。1510 年，葡萄牙的舰队司令阿尔布克尔克（Albuquerque）击败当时的土王，成功占领了果阿旧城。有别于葡萄牙在印度沿岸其他的飞地，葡萄牙不仅在果阿屯兵，还期许将果阿建设成一

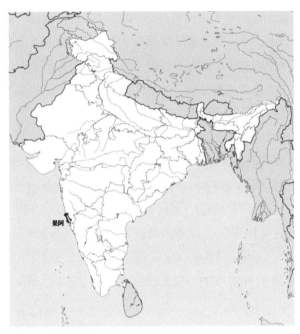

图 2-1　果阿区位

处殖民地及海军基地。统治者破坏了原先穆斯林的城市，仿造里斯本建起了新城市。街路沿地形呈曲线布置形成了不规则形状的街区。河港前设副王门和副王官邸，其背后的丘陵上建有广场、大圣堂和修道院等。17 世纪中期南印度的印度帝国崩溃后，果阿失去了重要的贸易对象。之后围绕东南亚贸易的权力竞争愈演愈烈，"黄金的果阿"几度遭受荷兰海军的攻击。此外因霍乱和疟疾的流行，人口不断减少。1843 年，果阿的首府从果阿旧城（Old Goa）迁往河口地区的果阿新城（Nova-Goa），就是现在的帕纳吉（Panaji）。

　　在葡萄牙人的干预下，果阿宗教裁判所（1560—1812）颁布了许多命令，其中不乏迫使当地人信奉天主教的指令[1]。这当然没有得到人们的积极响应，有的为了躲避这些直接搬离果阿，去往附近的门格洛尔、卡尔瓦以及卡纳塔克邦地区。随后，其他的西欧列强纷纷来到这里并展开了印度半岛的殖民争夺战。葡萄牙的大部分印度属地在 16 世纪后被英国及荷兰夺走，而作为剩下的为数不多的属地中最大的一个，果阿得到葡萄牙人的高度重视。他们将这里作为其最重要的海外

---

1 果阿邦 [EB/OL]．http://zh.wikipedia.org/wiki．

属地，重点打造，甚至赋予其拥有与里斯本一样的特权地位[1]。为扩大果阿地区葡萄牙人的影响力，殖民统治者鼓励葡萄牙人在这里定居，并允许他们和当地妇女通婚。留下来的这部分已婚男子很快成为果阿的特权等级，他们成为葡萄牙在果阿上层社会中的重要组成部分。果阿的议会随之建立，并成为葡萄牙国王管理这里的重要载体，并产生了非常经济的作用。

作为葡属印度的首府和基督教传播中心，果阿集中了很多教堂和修道院（图2-2）。在18世纪人们弃城而去之前建造的60座教堂中，以下几座教堂尤为突出：慈悲耶稣大教堂（Basilica of Bom Jesus）、圣卡塔林娜主教座堂（Sé Cathedral of Santa Catarina）、圣弗朗西斯科·德·阿西斯教堂（Church of St. Francis of Assisi，现部分作为考古学博物馆）、圣卡也达诺教堂（Church of St. Caetano）、圣母罗萨里奥教堂（Church of Our Lady of the Rosary）、圣奥古斯汀塔（Church of St·Angustine，建于1572年的一座修道院的唯一遗迹）、圣亚纳教堂（Church of St. Anne）等等。

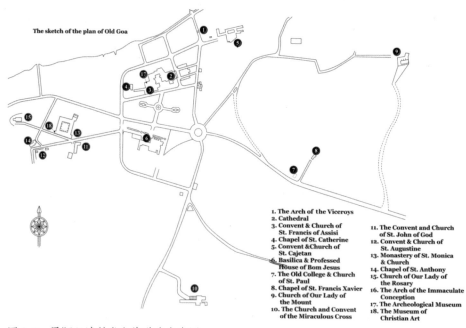

图 2-2　果阿旧城教堂和修道院分布图

---

1 果阿邦 [EB/OL]. http://zh.wikipedia.org/wiki.

图 2-3 尚塔杜尔加寺院　　　　　　　图 2-4 蒙格什寺院

值得一提的是位于果阿邦内陆庞达市（Ponda）名为尚塔杜尔加寺院（Shanta Durga，图 2-3）、纳格什（Nagesh）、蒙格什（Mongeshi，图 2-4）的印度教寺庙都拥有拉丁十字形的平面布局。这里的印度教寺庙有很多借用清真寺布局的例子，也有使用拉丁十字的天主教平面布局方式，这正是东西文化互相交流、不断融合的结果。从宗教和历史角度看，果阿旧城的宗教建筑见证了基督教传播到亚洲的历史，有很重要的地位。果阿被誉为"东方罗马"，其古建筑对 16—17 世纪印度的建筑、雕刻和绘画的发展都产生了重要的影响，为曼努埃尔式艺术、巴洛克艺术在亚洲天主教国家的传播提供了有力保障。慈悲耶稣大教堂中的圣弗朗西斯科·哈维尔陵墓以及出自胡安·鲍带斯塔·福格尼之手的精美铜像，象征着一个有世界意义的事件，即天主教于近代在亚洲大陆的传播。葡萄牙的殖民时期延续了约 450 年，直至 1961 年被印度用武力夺得其主权。今日，以人均资产值计算，果阿是印度最富裕的一个邦。1986 年，联合国教科文组织决定将果阿教堂和修道院作为世界文化遗产，列入《世界文化遗产名录》。

第二节　中期沿海棋盘式贸易商馆

殖民者在印度以沿岸的港湾为据点，先设立商馆或要塞，然后逐渐开始对内陆的统治。这些作为交易据点的商馆或要塞慢慢形成农产品及矿产集散地，形成一定规模之后演变成欧洲人区（White Town）以及与之相对的土著人区（Black Town）的形式。

法国殖民地本地治里

法国曾经连续 4 个世纪拥有相当于前苏联领土面积的殖民地帝国。与美洲和

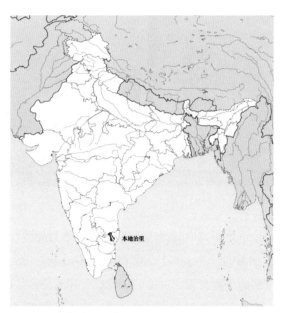

图 2-5　本地治里区位

非洲相比，法国在亚洲殖民规模较小，是与其他的欧洲诸国尤其是与英国霸权竞争激烈的地区，其殖民城市的建造也和英国形成了鲜明的对照。殖民地化的历史多集中在断续实行重商主义政策的头 3 个世纪（1533—1830）和之后断续实行帝国主义政策的 1 个世纪（1830—1930）。法国本国和殖民地的关系也因时代变迁有很大变化。本节的讨论对象为法国在印度的殖民地本地治里（图 2-5）。

　　位于印度东南部的本地治里的历史始于 1664 年再度成立的皇家东印度公司，是 1673 年作为交易据点开发的。正如明确美洲和非洲的探险对确保通向印度的航路有着重大意义一样，印度贸易也是法国殖民地政策主要关注的问题，本地治里是其构想中殖民地领土的中心地。在面对印度洋的沙丘上，与内陆进行交易的本地治里河的河口以北，1683 年正式开始了城市建设。这以后城市的范围多少被扩大，在与英国对抗加剧的 18 世纪加筑了城墙，除此以外的主要特征依然是建设当初的形态。

　　本地治里最大的一个特征，是市区常见到的用垂直道路划分出的长方形棋盘格状形态（图 2-6）。法国在其殖民城市，不光是亚洲诸城市还包括非洲城市，采用棋盘格状规划的很多，越南的西贡就是另外一个很好的实例（图 2-7）。与之形成鲜明对照的是，英国在亚洲建设的殖民城市，除被称为卡托门托（Cantonment）的兵营等地以外，采用棋盘格状规划的很少。可以说本地治里是法国殖民城市中最早定位为棋盘格状传统城市的，这也为其他地区如美洲及大洋洲殖民地的城市建设提供了参考，对后来的城市发展有着十分重要的意义。本地治里市区内部布置了有排水兼防御双重作用的南北流向的水渠。东侧的沙丘部分被称为"白镇"（White Town），西侧背后的低地被称为"黑镇"（Black Town），居住根据人种划分得极为清晰。"白镇"以城堡和教堂为中心，主要由法国人居住区构成；"黑镇"的中心则聚集了市场、广场、小公园、收税署等与交易相关的设施。这是与城市整体以教堂为中心的葡萄牙和西班牙殖民城市最大的不同点，由此可知法国殖民地政策对商业行为的重视。

1744 年以后，随着与英国霸权斗争的加剧，本地治里几度被占领，尤其是城中心遭受了多次破坏和复兴。到 1816 年被确定为法国领地时，英国在印度的统治已十分牢固，其对法国的意义也大打折扣。

1947 年印度独立，法国与印度于 1948 年达成协议，由法属印度的人民公投表决，定其前途。在各法属印度属地中，金德讷格尔在 1952 年直接回归印度并并入相邻的邦，而本地治里、卡来卡、雅南及马埃四个地区则以"本地治里"的名义于 1954 年 11 月 1 日加入印度成为一个联邦属地，但法国国会至 1963 年方承

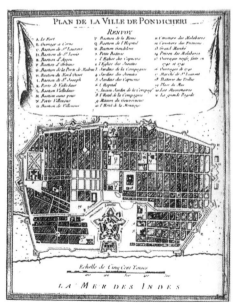

图 2-6　本地治里（1741）

图 2-7　西贡（1942）

认与印度签署的相关条约。

目前法语依然是本地治里的常用语言之一。此外由于本地治里回归印度时，法国政府允许当地人民选择保留法国国籍或归化印度国籍，因此当地不少泰米尔裔人及其后代至今依然保留法国国籍。法国于本地治里设有领事馆，当地仍有法国文化协会及法国远东学院等机构。在本地治里，每年的法国国庆日（7月14日）民众都身穿法国军服，参加巡游活动，并沿街高唱《马赛曲》，不少屋顶也在当日同时悬挂印度国旗和法国国旗。

第三节 中期沿海萨拉丁式贸易商馆

1.英国殖民地马德拉斯、孟买及加尔各答

作为非洲和印度共同影响作用下的产物，马德拉斯、孟买及加尔各答三个城市具有印度其他城市所没有的独特性。英国殖民者对印度次大陆的影响表现在据点类型的多样性上，据点的各种类型根据它们自身初始的环境和随后的进化演变而来。在17世纪初英国最开始和印度接触的时期，英国东印度公司像其他欧洲贸易公司一样，在位于海岸和内陆水道的印度城市建立据点，并称之为商馆。早期的商馆包括仓库都结合商人的住所和其他设施布置[1]，对印度的城市结构的影响是微弱和短暂的。

马德拉斯以及后来在孟买和加尔各答等一些相对不发达但方便船运的地方，设立了一些驻防的商馆。在英国人强有力的保护下，这些地区出现了众多新的商业机遇。许多印度和外国的商人们蜂拥而至，他们在欧洲人据点的附近安顿下来，于是一种融合的城市在这三个地方发展起来了。这三个港口城市成为英国在印度次大陆的经济和军事力量的核心城市，也成为后来英国向印度内陆扩张的后方基地（图2-8~图2-10）。

在向内陆进军的同时，18世纪末期及19世纪出现了一些其他形式的殖民城市形态。其中最常见的形式是军事驻地及民用居住区[2]，又被称为卡托门

---

1 Joseph E Schwartzberg. A Historical Atlas of South Asia [M]. Chicago: University of Chicago Press, 1978.

2 Anthony D King. Colonial Urban Development: Culture, Social Power and Environment [M]. London: Routledge & Kegan Paul, 1976.

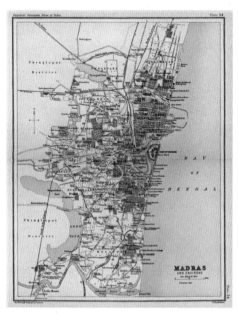

图 2-8　马德拉斯（1908）

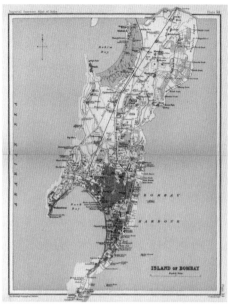

图 2-9　孟买（1908）

托（Cantonment） 和 民 用 带（Civil Line），一般是在本土的城市中心附近布置但单独管理。山地驻地则可以算另一种新型布置形式，在凉爽的高地上安顿下来对那些在较热的月份里想要好好休息放松的欧洲人来说是很有吸引力的。

17 世纪至 18 世纪期间，马德拉斯、孟买和加尔各答有着类似的城市增长模式。虽然在 19 世纪及 20 世纪初期，这三座城市的空间形态发生了各自的平行演化，但仍有着类似的城市形态模式。其基本特征是具有一个欧式堡垒的

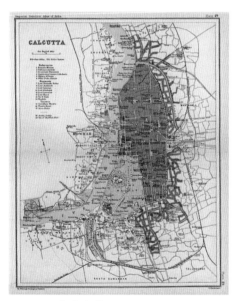

图 2-10　加尔各答（1908）

"核"、一个用来隔离欧洲人和印度人住区的"开放空地"、一个中央商务区和一个外围的军事及制造业区。受空间地形因素影响，这些特性在各城市的进化略有不同，不过直到 20 世纪初它们依然基本保持完好。三座城市都拥有西式的中

央商务区和相对较低的居住人口密度，这和印度的其他城市比较起来，还是有很大区别的。下文通过一个空间模型来阐明马德拉斯、孟买和加尔各答三座城市因殖民统治的影响而享有的共同形态特征。

2.萨拉丁样式商馆的空间模型

归纳三个港口城市的基本功能构成要素，可以得出一个城市发展的空间形态模型（图 2-11）。其主要构成要素有：一个毗邻滨水商业区的要塞，一片围绕着要塞的开放空地，被商业区分隔开的欧洲殖民者住区与印度本土居民住区、亚洲居民和亚欧混血居民住区，一个位于印度扇区外围的制造业区域，以及一个在欧洲扇区边缘的军事区域。这种模式的演化有以下三个主要阶段：

早期阶段是具有防卫功能的商馆和城镇的建立时期。滨水建立的商馆成为城市发展的核心。从一开始，围绕商馆的发展就形成了双种族的模式。互相独立的欧洲区与印度区，又被称做"白城"与"黑城"，各自有属于自己的商业及住区功能。欧洲区围绕在商馆周边，具有一定的防卫功能。后来经过逐步发展，印度区也有了防御措施，如马德拉斯的防御城墙、加尔各答的护城河，而孟买的防御城墙在最初就已经涵盖了印欧城镇。欧洲区通常布置在原始商馆和印度区的南部，

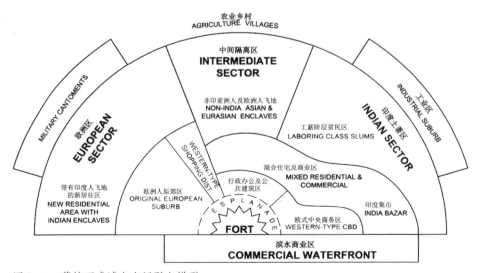

图 2-11　萨拉丁式城市空间形态模型

这样一方面可以保护停靠的欧洲商船，另一方面可能是有预留通道直达公海的战略考虑[1]。

中间阶段为向外扩展时期，主要是在 18 世纪中期到末期这段时间。城市防卫功能逐步增强，商业机会渐渐增多的必然结果就是城市开始慢慢地向外扩张。马德拉斯和加尔各答这时期的发展要比孟买的发展快很多，孟买直到 19 世纪才逐渐赶了上来。在这个阶段，要塞逐步扩大，并增设了堡垒、沟壕、吊桥等防御工事，根据火枪射程距离预留的开放空地也出现了。印度区在防御城墙内外都快速地扩张，甚至延伸至很靠近滨水区或者要塞的地方。欧洲殖民者建立了新的住宅定居点，而行政功能及商业功能则保留在城堡区。于是一个离核心据点 2~5 英里（3.2~8.0 公里）的被分隔开的市郊住区形成了。和印度区相比，欧洲人的市郊住区人口密度较低，这样一来，殖民者可以让自己和城市中心区保持适当的距离。需要强调的是，早期欧洲城市郊区化在印度发展时，当时这里的交通方式还是骑马、乘牛车或人力车。

这个阶段的特点在 18 世纪末期的马德拉斯和加尔各答清晰可见，而孟买则发生了一些偏差。在马德拉斯和加尔各答，就在旧的防御工事和建筑需要更新的时候，恰逢这些建筑只剩下了行政和军事的功能，因为欧洲人将他们的住区搬到了交通较便利的市郊。相比之下，位于城墙里的孟买将其双种族的特点一直延续到了 20 世纪。迫于孟买城市空间形状的限制，城市郊区化没有像其他两个城市那么有序，而是散落在城市的南部和北部。

最后一个阶段为之前阶段的各功能元素互相作用直至最终凝结的时期。城市空间形态在 19 世纪顺利进化，并最终在 20 世纪呈现出具有新特征的完整形式。位于或是毗邻早期英国殖民者定居点的中央商务区，现在包括仅欧洲类型的商业、管理及行政功能。印度区仍保持着商业和住宅两个功能，十分拥挤，只能向外不断扩张。位于欧洲人和印度人之间的结构功能区模糊了城市原先简单的二元性。这个区域被那些社会地位居于统治者与被统治者之间的族群占据着，例如帕西人（印度拜火教教徒）、各种其他非印度亚裔移民及亚欧混血等等。

马德拉斯及加尔各答的欧洲居住区包含了两个部分：靠内侧原来是郊区，现在仍是英国人统治，但变得越来越商业化；靠外侧是正在不断扩张着的新区，吸

---

1 Sten Nilsson. European Achitecture in India, 1750-1850 [M]. New York: Taplinger Publishing Co, 1969.

引着印度上流社会人群。在中央商务区及精英阶层的住区附近，有时候在那些没有了早期军事用途的开放空地上，新建了许多宏伟的公共建筑，有欧洲古典主义风格的，也有结合英国及印度特色的折中主义风格的。马德拉斯和孟买的主要的铁路客运站点所用土地资源都直接来自于开放空地。城市周边工业的发展，例如孟买的棉纺厂、靠近加尔各答水路沿线的黄麻工厂等都是城市扩张的主要组成部分。工业大发展使得各城市的印度区及市郊工业区产生了大量租赁住房和棚户区。由于军队和物资转移到主城外的兵营区，位于城堡区的军事存在大大减小了。

3. 马德拉斯的城市形态演变

马德拉斯位于印度东南部的乌木海岸，于 1639 年建立，是三个城市中最早建立的。作为马德拉斯的核心，圣乔治堡于 1641 年完成（图 2-12）。 城堡面朝

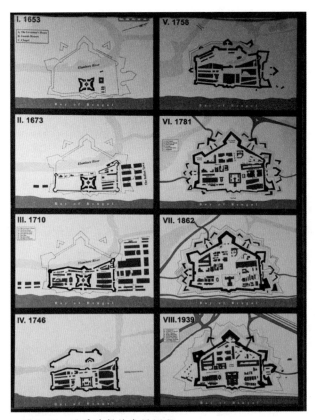

图 2-12 圣乔治堡的发展历程

图 2-13 圣乔治堡模型　　　　　　图 2-14 圣乔治堡沿海侧实景

大海，建立在沙滩和两条河交汇处之间的高地上（图 2-13、图 2-14）。由于地形特殊，船舶想要靠岸在离岸距离 1.6 公里以外就要抛锚。城堡很快就被英国人的住宅及公共建筑包围起来了。这个内置的区域被称为"白城"，有防御城墙保护着。另外一个亚洲商人和手工业者的定居点在城堡北侧出现了，并被称为"黑城"。18 世纪期间，印度定居点向北不断扩张越过了埃兰堡（Elambore）河，向南发展到了库姆（Cooum）河的对岸。

在遭受攻击并被法国人占领后，马德拉斯 18 世纪中期发生了重要的形态变化。圣乔治堡被扩大了并且加强了防御措施。"黑城"原先靠城堡北侧很近的一部分被拆除，用途则改成开放的空地。"黑城"的居民于是向城市北侧及西侧转移。尽管"黑城"在内陆侧有防御城墙保护，但在沿海侧什么都没有，朝"白城"和城堡区也只是空地。同样，在城堡区西南侧两条河的交汇处也只是空地。因此，从内陆地区到有重重防御的英殖民者定居点的通路上，一个军事防御区建立起来了。

到 18 世纪末，东印度公司开始牢牢地控制着这片区域。这期间郊区化开始了，以城堡区为核心，以 4.8~8 公里的半径向外放射形发展。富有的官员和商人离开城堡区，放弃拥堵的滨海奢华公寓，前往市郊购置土地。市郊扩张的首选方向是西侧的瓦皮里（Vepery）和伊格摩（Egmore）以及库姆河沿岸的农根伯格姆（Nungambakkam）区域（图 2-15）。在西南方向位于农根伯格姆和美勒坡（Mylapore）之间的乔奇（Choultry）平原地带也是非常不错的选择，带有花园的大房子被大量的建造。1800 年之前英国殖民精英们在印度引领的郊区化模式重现了当时在英国本土及欧洲大陆发生的同一现象。

19 世纪的上半叶，圣乔治堡和"黑城"的功能发生了一些变化：城堡逐渐从

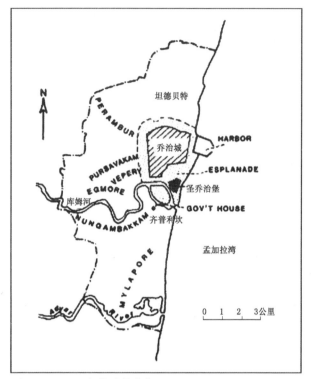

图 2-15 1911 年的马德拉斯

军事管理区变成一个行政管理区；军队则在西南侧距市中心约 12.87 公里的宿营地驻扎；银行、保险及批发贸易的机构搬到了"黑城"；欧洲商品及服务的零售店逐渐汇集，在库姆河南侧直到圣托马斯山之间形成了一个商业带。这些转变间接导致了西南地区在这个城市的地位日益递增，后来这里成为欧洲人新的定居点。许多市郊的农田逐渐用做非农业用途，常住居民渐渐开始依赖城市就业来解决生活问题。

在马德拉斯，印度人口大量集中在"黑城"和奇普利坎（Triplicane）。因为这里有本地专业的集市，可以提供本土类型的商品和服务。印度教教徒、穆斯林、其他亚洲人、欧亚混血儿基督徒等即便是最富裕的人都保持一种强烈偏好，即住在那些有着同种姓、同宗教或是有类似社会背景和语言习惯的同伴们的工作场所附近。

马德拉斯城市发展的下一个阶段发生在 19 世纪下半叶。1858 年东印度公司结束在印度的统治，接下来英国女王直接统治印度。"黑城"于 1906 年更名为乔治城，这里的东南角成为关注的焦点。马德拉斯的行政管理功能仍然留在圣乔治堡内或在城堡附近的新建筑里。政府大楼作为总督的官邸，屹立在库姆河边蒙特（Mount）路的端头处。海关大楼、高等法院、中央邮政、电报大楼、市政大厦和一些银行、报刊大楼则坐落在城堡北侧附近的平坦空地上。建于1889年的马德拉斯防波堤，在1910年进行了修缮，与之一起纳入改善范围的还有码头、仓储建筑、铁路设施等等。这样形成了一个现代的交通网络联系，将印度半岛广阔的腹地城市与可以进行海外贸易的口岸连接了起来。原先出于战略防御考虑设置的平坦空地则被划分掉，部分直接用做铁路客运站终端建设用地。

在20世纪初，马德拉斯城区总面积约71.5平方公里，并有约14.5公里的半圆形临海区。只有9%的城区面积的乔治城的人口却占到总人数的三分之一。乔治城的最东部区域由于商业中转和运输活动的聚集[1]，人口密度则低于其他地区（图2-16）。除局部地区人口密度略增外，马德拉斯其他地区的人口密度急剧下降。1911年马德拉斯的平均人口密度是30人/英亩，但在一些周边地区人口密度不到10人/英亩。

在殖民统治最后几十年里，马德拉斯的人口构成跟孟买和加尔各答相比，男性所占比例较小，1901年马德拉斯的男女性别比例大约是100：102。有63%的人

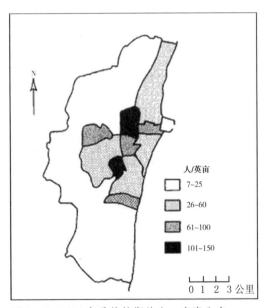

图 2-16　1911 年马德拉斯的人口密度分布

---

1 1 英亩 ≈ 4 046.86 平方米。

口讲泰米尔语，约 21% 的人口讲泰卢固语，只有 3% 的人口讲英语。1901 年城市居民里土生土长的人占了 68%，28% 的人口来自马德拉斯辖区的其他地方，只有少于 4% 的人口是印度的其他地方或是国外出生的[1]。

从 1911 年的人口普查可以看出社会结构的显著特点，因为职业的细分、宗教信仰状况等都包含在 20 个人口普查部门的数据里[2]。整个城市的贸易和金融行业从业率为 17%，但乔治城和城堡区，这一比例高达 29%（图 2-17）。在乔治城和城堡区，公共管理和其他政府部门从业率为 14%，瓦皮里和奇普利坎则高达 20%。在宗教方面，1911 年约 80% 的人口为印度教，穆斯林和基督徒各占总人口的 12% 和 8%。穆斯林集中在奇普利坎和靠近港口的乔治城，基督徒主要分布在瓦皮里、埃格莫以及坦德贝特（Tondiarpet）（图 2-18）。

各功能区域的分化是基于原来定居点的核心并一直持续到 20 世纪，殖民精英们的住宅区和工作场所的转换反映了早期的郊区化模式[3]。然而，城市中心区域外围的定居点并不稠密，它们互相被一些空旷的土地隔开，而这些土地有着优美的半乡村式花园景观。

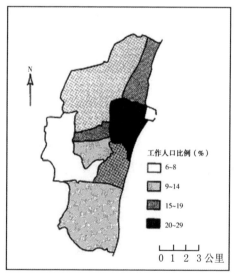

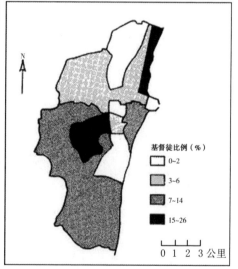

图 2-17　1911 年马德拉斯的商业活动分布　　图 2-18　1911 年马德拉斯的基督徒分布

1 Census of India 1901, Vol.XV-B, Part III . Madras, 1902.

2 Census of India 1911, The City of Madras. Madras, 1912.

3 Susan J Lewandowski. Urban growth and municipal development in the colonial city of Madras, 1860–1900[J]. Asian Studies, 1975 (34): 341–360.

4. 孟买的城市形态演变

　　孟买是英国人在印度建立的第二个港口城市。孟买位于印度西海岸，原为阿拉伯海上的 7 个小岛。16 世纪初，古吉拉特邦苏丹巴哈杜尔·沙将此地割让给葡萄牙殖民者，1661 年又被作为葡萄牙公主的嫁妆转赠给英国王室，并于 1668 年转租给东印度公司管理，后经不断疏浚和填充，成为半岛。1687 年，英国东印度公司将其总部从苏拉特迁到孟买，这里最终成为孟买管辖区的总部。作为整个城市发展的核心，孟买城堡修建在海岸边，一旁就是天然的深水港口（图 2-19、图 2-20）。城堡的西部是一个被称为"孟买绿地"的区域，围绕在这里的定居点聚集成一个半圆形的混合性商业和住宅小镇。这里后来沿着半圆形的边界设置了防御城墙，城墙设有三个城门。

　　这个拥有防御力量的区域被称为"孟买城堡区"，并且一直沿用至今。防御城墙涵盖范围最初分为两个部分：松散的欧洲组团位于孟买绿地南侧，而拥挤的印度组团位于绿地北侧。印度组团人口众多，街道两旁茅草住宅一间挨着一间，他们大多来自古吉拉特邦那些临近的商业较发达地区。商业公司鼓励那些商人定居在这里，主要是为了扩大自己和孟买之间的贸易。商人们的到来也使得这里的宗教呈现出多样性，其中包括印度教、伊斯兰教、耆那教和印度拜火教等等。

　　孟买城市形态演化的第二阶段是在 1803 年之后，因为那年防御城墙内的印

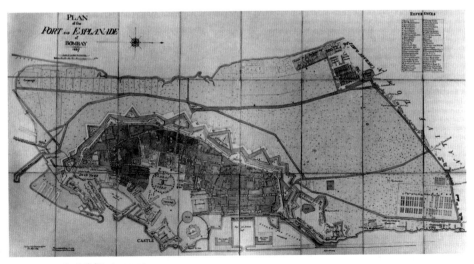

图 2-19　孟买城堡（1827）

图 2-20　1911 年的孟买

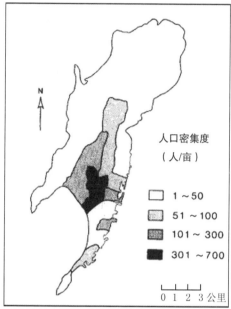

图 2-21　1911 年孟买的人口密度分布

度区有部分遭受了火灾。此后，快速增长的印度人口大部分被安置在城堡区以外的一个被称为"本土城"的地方，一个刻意地模仿了马德拉斯和加尔各答类似地区的地方。在防御城墙和本土城之间一个 800 码[1] 宽的半圆形空间被规划成一个具有防御作用的开放空地。欧洲人的郊区住宅定居点布置在戈拉巴营地旁狭窄的半岛上，和城堡区有堤道相连。欧洲郊区化也发生在岛上其他部分。最初是在城堡区北侧几英里[2] 之外的帕雷尔，后来在马拉巴尔希尔，这里的政府大楼也被竖立起来了。19 世纪初，孟买岛的其余部分还是大片的乡村，那里有椰子园、果园、稻田、鱼塘和村庄等等。

　　殖民地孟买的城市形态的基本要素主要包括要塞、开放空地、本土城、宿营地、花园式城郊等。19 世纪末，由于人口增长，这些要素发生了进一步的演变。例如：本土城扩大了；在原来海滨的北侧填海造陆并且新建了大量的码头和仓库；经撒尔塞特修建的两条铁路线联系起了印度大陆，使得孟买岛成为这条南北向干线的枢纽城市；在本土城北侧铁路沿线新建了一批棉纺厂。

1　1 码 ≈ 0.914 4 米。

2　1 英里 ≈ 1.609 3 公里。

　　随着 19 世纪的最后 10 年经济的繁荣发展，孟买的土地利用矛盾愈演愈烈。因为城堡没有了防御性质，城堡壁垒和城门于 19 世纪 60 年代被拆除了。这些地方后来修建了一批地方政府大楼和公共建筑，如秘书处、高等法院、交通大厦和大学等等。城堡区南部和原来的英国人定居点转移至郊区住宅区域，这里被重新开发，大量建造了商业大楼和其他公共建筑，并且最终形成了一个西式的中央商务区。孟买的绿地被这些商业大楼不断地大量侵占，越来越小。城堡区北部变化相对较小，那些已经成为非常成功的企业家的印度人，尤其是帕西人，仍然居住在这里。同时本土城十分具有地方色彩的商住混合土地利用模式使得人口矛盾不断加剧。1911 年这里的人口密度上升到约 700 人 / 英亩（图 2-21），这要远远高于同期的马德拉斯和加尔各答。

　　1911 年的人口普查提供的非居住建筑数据表明[1]，有关部门把主要精力放在了城堡区的南部建设，尽管城堡区北部也有大量办公楼和零售商店。仓储用房在港口前方向北一直延伸到开放空地。零售商店则密集地聚集在开放空地附近的本土城。相比之下，据 1901 年的人口普查显示，商业活动则主要集中在本土城和城堡区北部（图 2-22）[2]。帕雷尔和比库拉附近的铁路沿线就有许多的棉纺厂、织造厂和工棚。

　　孟买的人口数量巨大且种族多样[3]。根据 1901 年人口普查结果，居民总人数约 77.6 万人，其中 65% 为印度教教徒，20% 为穆斯林，6% 为基督徒，6% 为印度拜火教教徒。作为孟买辖区周边的主导语言，马拉地语无可争辩地成为孟买的第一语言，共有 53% 的人口讲马拉地语。其次是古吉拉特语，约占 26%，印地语或乌尔都语占 15%。而以英语作为母语的只有 2% 的人口。讲马拉地语的印度教教徒主要聚居在岛的北部及周边地区，其他族群相对集中地定居在中央区域。在本土城可以发现大量讲马拉地语的印度教教徒和讲古吉拉特语或是乌尔都语的穆斯林。城堡区北部主要是帕西人，而南部是那些早先剩下的为数不多讲英语的基督徒居民。城堡区南侧外克拉巴（Colaba）宿营地成了基督徒及以英语为母语的人的聚集地。讲英语的基督徒居民与在欧洲出生的居民的分布有着密切的联系，这两者之间关联性在 1901 年的人口普查统计数据里有着清晰的反映（图 2-23）。

1 Census of India 1911, Vol. VIII . Bombay, 1912.

2 Bombay Town and Island[M]. Census of India 1901, Vol. XI .Bombay, 1902.

3 Meera Kosambi. Bombay in Transition: The Growth and Social Ecology of a Colonial City, 1880–1980[M]. Stockholm: Almqvist and Wiksell, 1986.

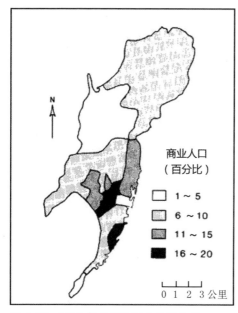
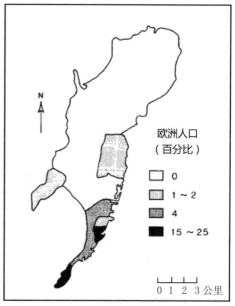

图 2-22　1911 年孟买的商业活动分布　　　　图 2-23　1911 年孟买的欧洲人口分布

20 世纪初，孟买的城市空间生态是政治因素、经济因素以及殖民地空间因素等等综合影响的结果。至高无上的英国殖民者和与之较亲密的帕西人主要生活在城堡发源地、克拉巴宿营地以及郊区的马拉巴尔希尔等地区。印度教教徒和穆斯林主要居住在离城堡区不远的本土城。讲第一语言印度教马拉语的居民是这个城市的劳动阶层，他们居住在码头边、工业厂房里或是孟买岛北部仍保持半乡村性的地区。

5. 加尔各答的城市形态演变

加尔各答是港口城市中最晚建立的，腹地涵盖了富饶、人口众多的孟加拉邦甚至整个印度北部地区。作为早年英国人在印度雄图霸业的发源地，加尔各答渐渐发展成为三个港口城市中最大的一个。城市基地位于的胡格利河（Hooghly）河边，尽管需要通过 90 英里长的河道与孟加拉湾相连，但后期这一选址被证明是非常成功的[1]。

1686—1689 年期间，英国人的工厂主要集中在苏塔纳提（Sutanati），这里发展成当地一个重要的纱线原棉市场。后来苏塔纳提渐渐被遗弃了，另外一个工厂

---

1 Rhoads Murphey. The city in the swamp: aspects of site and early growth of Calcutta[J]. Geographical Journal, 1964 (130): 241-256.

区在加尔各答设立，并在 18 世纪末发展迅速。威廉堡建在一个被称为红罐的水库旁边，用来容纳商人们和他们的货物（图 2-24、图 2-25）。在它周围出现一个由砖泥房子组成的住宅小镇，最初这里由一个木栅栏防御墙保护着。公司从莫卧儿帝国统治者那里租用了胡格利河东岸一片大约 2 英里宽、2 英里长的土地，包括戈宾德布尔（Gobindpur）、加尔各答、苏塔纳提村镇的土地。为抵抗马拉地

图 2-24　加尔各答威廉堡油画

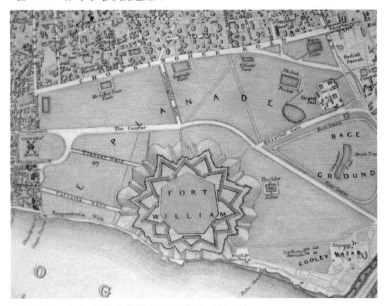

图 2-25　加尔各答威廉堡平面示意图（1844）

人骑兵的入侵，1742 年一个具有防御性的壕沟被修建起来，并据此限定了这些村镇北部及东部的边界范围。加上城市环路和托利（Tolly）河，共同构成了加尔各答的原始雏形范围（图 2-26）[1]。

1757 年普拉西战役的胜利使得英国人拥有了孟加拉邦，并逐步扩张至整个恒河平原。1773 年，加尔各答市成为东印度公司在南亚次大陆行政首府。1757 年威廉堡遭受了围攻，防御性略显不足，取而代之的是一个新的堡垒和一个 2 平方英里大小的被称为练兵场的开放空地。加尔各答城区在旧城堡的附近重建起来了。在红罐旁边竖立起了海关大厦、仓库、公司、初级合伙人和员工的住宅、法院、市政厅和教堂等等。水池（Tank）广场，后命名达尔豪西广场，慢慢发展成为英国人所有商务活动的中心。1803 年一个壮丽的政府大楼在开放空地前建立起来了，它成为东印度公司的行政总部。新威廉堡则只剩下了军事指挥和战略防御两个功能。其他的军队驻扎在距城堡北部大约 8 英里巴拉格布尔（Barrackpore）宿营地。英国人在 18 世纪最后的几十年里开启了郊区化的进程。最富裕的英国阶层将相当规模的房子都建在一些边远的农村地区。

到 19 世纪 80 年代，达尔豪西广场成为加尔各答整个城市的中央商务区。19 世纪的头几十年乔林基（Chowringhee）和练兵场北侧及东侧的街道已经成为上流社会购物和社交活动的场所。作为具有休闲性质的资产，练兵场后来又不断扩建增加了一些花园、滨水散步道、马术训练道和一个赛马场。

加尔各答的印度扇区包括了环路范围内三分之二的面积和五分之四的人口[2]。印度人的经济活动主要集中在巴拉（Burra）集市或大市场。这里毗邻河道，位于水池广场北侧，是零售及批发的复合体。最初这里的企业家主要是孟加拉布料商人和高利贷者，但在 19 世纪他们逐渐被印度北部商人取代。黄麻作为这个城市最主要的出口货物，高峰时期有大量的临时工被雇佣来从事这个行业[3]。他们及他们的雇主大都讲北印度语或者乌尔都语，所以印度斯坦语成了商务语言而不是孟加拉语。另一个可识别的群体生态区（Socioecological）位于印度区和欧洲区之间。它反映了这个城市里英裔印度人、葡萄牙人、亚美尼亚人、犹太人、帕西人、

1 A K Ray. A Short History of Calcutta[M].Census of India 1901, Vol. Ⅶ, Part Ⅰ.
2 Pradip Sinha. Calcutta in Urban History [M]. Calcutta: Firma KLM Pvt,1978.
3 Prajnananda Banerjee. Calcutta and Its Hinterland—A Study in Economic History of India 1833-1900 [M]. Calcutta: Progressive Publishers, 1975.

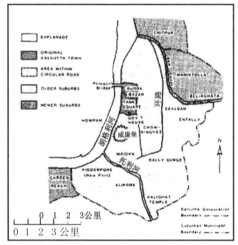

图 2-26　1911 年的加尔各答

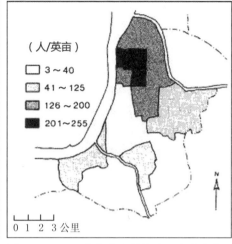

图 2-27　1911 年加尔各答的人口密度分布

中国人和希腊人等等在经济活动和社会行为的中间角色。

　　1850 年前后的工业革命以及铁路的出现使得出口流量大幅上升。在加尔各答市内及周边地区增添了大量的黄麻工厂。从 1859 年开始，豪拉周边新建了许多黄麻纺织厂，这里位于加尔各答河对岸，附近就是铁路干线的终点站。19 世纪 90 年代，这里的航运和码头设施逐步改善，例如位于加尔各答下游 2 英里的基德波尔（Kidderpore）码头工程建成。城市及其周边地区的人口增长使得加尔各答成为当时印度最大的都市。1901 年的人口普查记录加尔各答市区及周边的人口达到了约 84.8 万。

　　20 世纪初期加尔各答的城市空间模式有着过去强烈的历史印记（图 2-27）。一些城市空间：达尔豪西广场周边的中央商务区、威廉堡、练兵场及相邻的欧洲精英们的住宅区乔林基，由英国殖民者占据着。1911 年中央商务区的人口密度大约每英亩 50 人，在乔林基还不到每英亩 40 人 [1]。相反，印度住宅区人口密度很高，巴拉集市的人口密度大约每英亩 280 人。印度区的整个北部和东部地区形成了一个人口密度从每英亩 125 人到每英亩 200 多人的高密度带。在 1911 年，讲英语的居民和基督徒在加尔各答殖民地区的分布是十分明显的（图 2-28、图 2-29）。1911 年的人口普查统计提供了位于中央商务区及练兵场的东部的中间群体生态区

---

1 City of Calcutta, Part Ⅱ [M].Census of India 1911, Vol. Ⅵ.

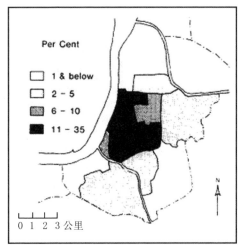 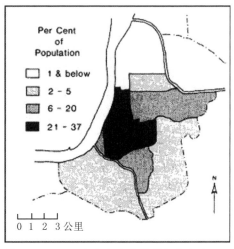

图 2-28　1911 年加尔各答母语为英语者分布　　图 2-29　1911 年加尔各答的基督徒分布

的唯一依据。该区与主居民区接壤，吸引了讲英语的居民、本土基督徒及欧亚混血等。巴里古吉（Ballygunge）和阿利波尔（Alipore）则被欧洲区和混合住宅区不断吞并。其他周边的地方基本由孟加拉人占据着，人口密度相对较适中或较低，这是就业、收入及住房等各种不利因素综合产生的结果。

达尔豪西广场的土地利用性质几乎都是商业、金融服务和政府行政办公等。欧式建筑和生活方式创建了一个比印度其他城市更像伦敦的城市，这里人文气息浓厚，环境和谐优雅。零售店、餐馆、剧院、独家俱乐部及其他欧式休闲建筑主要坐落在朝南通往乔林基的大街上。在加尔各答城南首次设置了市政污水系统、供水系统、街道铺面、街道照明、有轨电车等等，这些市政设施后来也逐渐扩展至印度区。

工业企业一开始是在英国资本和管理模式下发展起来的，但在殖民后期越来越多的企业则由印度人在经营，并且迎来了自身发展的黄金期。可是加尔各答并没有足够的城市空间容纳这些大型建筑物，于是胡格利河东岸的豪拉市便成为最佳候补地点，这里有连接着印度北部、中部以及南部的铁路干线和各自的终端站点。豪拉市的制造业发展迅速，种类繁多，涵盖了食品加工、黄麻纺织、化工、造船、重型钢板制造等等。

6. 萨拉丁式历史街区

作为萨拉丁式贸易商馆中的典型代表，马德拉斯、孟买及加尔各答三座城市的殖民气息非常浓厚，街区上遍布众多优秀的殖民建筑。虽然在殖民时期这三座城市都是由英国人管辖，而且统治的时间周期也大致相同，但是不同的地理条件与社会发展状况导致了殖民时期历史街区在各个城市的发展也不尽相同。

（1）马德拉斯内塔吉·苏巴斯·钱德拉·博斯（Netaji Subhas Chandra Bose，简称博斯）路历史街区

马德拉斯市圣乔治堡北侧的 N. 福特（N.Fort）路、博斯路以及东西向横跨马德拉斯市区的波奥纳马莱埃（Poonamallee）国家公路共同组成了市内核心的历史街区范围。其中作为市区商业中心核心道路之一的博斯路的殖民色彩最为典型。博斯路东接拉亚吉宫（Rajaji Salai），西至华尔（Wall Tax）街，将众多人口稠密的历史街区与市区商业、办公区域连接起来（图 2-30）。

在 1640 年圣乔治堡建好之后，一座被称为"黑镇"的新小镇在城堡北侧开始生长起来。1746 年，法国人入侵马德拉斯并最终攻占了圣乔治堡。1749 年，为换回魁北克城（Quebec），法国人根据亚琛（Aix-la-Chapelle）条约，将马德拉斯归还给了英国。此后不久，英国人根据与法国人交战失利中所换来的经验，将黑镇紧挨着圣乔治堡北侧的一部分夷为平地，改为开放空间（Esplanade），并纳入城堡的防御体系。为了在城堡北侧获得足够的军事斡旋空间，1773 年英国人沿黑镇靠

图 2-30　马德拉斯历史街区区位

城堡一侧的平坦空地上竖起了 13 根立柱，并严厉禁止在柱子和堡垒之间的用地上的所有建筑活动。不久之后，一个新的黑镇在这些支柱北侧诞生。而沿着这排柱子与马德拉斯高等法院，博斯路便慢慢形成了。当初的那 13 根立柱仅有其中的 1 根被保存了下来，如今被安放在博斯路东侧尽端的帕里大楼（Parry's Building）内。

1895 年，博斯路成为马德拉斯市为数不多的通行有轨电车的城市道路。设置在这里的科萨瓦·卡瓦迪（Kothawal Chavadi）蔬菜批发市场规模庞大，蔬菜批发的供应商租用的商铺高峰时期甚至按小时计算。据说这里在 1996 年被移至柯亚马贝杜（Koyambedu）前一直是亚洲地区最大的。博斯路还是马德拉斯市黄金珠宝市场的起源地，这里一直保持着其作为印度第二大黄金市场的地位。众多黄金和珠宝商在这里设立门店，马德拉斯珠宝商和钻石业商会（Madras Jewellers & Diamond Merchants' Association）总部就设在这里。1908 年美国还将其总领事馆设在了这里。博斯路上还保留了两座建于 17 世纪的印度教双胞胎寺庙（Sri Chenna Mallikeshwarar 和 Sri Chennakesava Perumal）。当然除宗教建筑外，博斯路两侧分布着其他众多著名的历史建筑，如建于 1850 年的帕凯亚帕宫（Pachaiyappa's Hall）[1]，马德拉斯高等法院（Madras High Court）、百老汇巴士总站（Broadway Bus Terminus）、圣玛丽英印高级中学（St. Mary's Anglo–Indian Higher Secondary School）等等（图 2–31）。

图 2–31　马德拉斯博斯路街景

---

1 根据印度著名慈善家帕凯亚帕·穆德拉尔（Pachaiyappa Mudaliar）而得名。

图 2-32　孟买城南历史街区区位

（2）孟买达达拜·瑙罗吉（Dadabhai Naoroji）路历史街区

孟买城南的城堡区散落着众多历史悠久的建筑，而这些建筑主要集中在达达拜·瑙罗吉路（简称 D.N. 路）、戈拉巴（Shahid Bhagat Singh）路、V.N. 路、P.D. 梅洛（P. D. Mello）路以及 M. 玛格（Mahapalika Marg）路等街区两侧（图 2-32）。其中作为孟买城堡核心商务区内的一条南北向商业大动脉的 D. N. 路[1]最为突出，两侧历史建筑最密集，街区保存完整度最高（图 2-33）。D. N. 路北端开始于克劳福德市场（Crawford Market），中间连接着维多利亚火车站，南端在弗洛拉喷泉广场（Flora Fountain）结束，是孟买 CBD 交通系统的神经中枢。这整段道路上布满了建于 19 世纪前后的欧式历史建筑，零星夹杂着一些现代化的办公楼和商业场所。

D. N. 路前身为霍恩比路（Hornby Road），当时只是孟买老城堡区内的一条小型街道。19 世纪 60 年代，老城堡由时任孟买总督巴特尔·弗里尔（Bartle Frere）下令拆除，以缓解这个城市因经济日益增长所导致的空间不足的问题。霍恩比路就在这个时期进行了整治并被拓宽形成了现在街道的雏形。在 1885—1919 年经济繁荣时期，霍恩比路的西侧建成了一大批各式各样精致且雄伟的建筑。当

1　根据印度民族主义领袖达达拜·瑙罗吉（Dadabhai Naoroji）命名。1892 年，达达拜·瑙罗吉成为英国议会议员的第一个亚洲人。作为印度国大党的创始人之一，他曾三次担任国大党主席。他最显著的贡献是在 1906 年公开表达了对印度独立的要求。印度历史书籍记录了他对印度自由运动所做的贡献以及一些其他的个人成就。在 D. N. 路南端的弗洛拉喷泉广场上还设有达达拜·瑙罗吉的雕像。

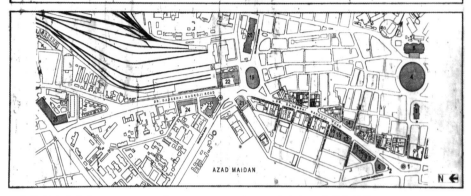

1. 弗洛拉喷泉广场 Flora Fountain（Hutatma Chowk）; 2. 达达拜·瑙罗吉雕像 Dr.Dadabhai Naoroji Statue; 3. 圣托玛斯大教堂 St.Thomas's Cathedral; 4. 霍尼曼街心花园 Horniman Circle; 5. 市政厅 Town Hall; 6. 东方大厦 Oriental Building（American Express Bank）; 7. 达迪塞特庙 Dadysett Agiary; 8. 艾伯特大楼 Albert Building（Sidharth College）; 9. 标准大楼 Standard Building; 10. 托马斯库克大楼 Thomas Cook Building; 11. JNP 学院 J.N.Petit Institute; 12. 瓦特查庙 Vatcha Agiary; 13. 吉万公司 Jeevan Udyog（Khadi Gram Udyog）; 14. 孟买共同人寿 Bombay Mutual Life Building（Citi Bank）; 15. 麦克米兰大楼 Mac Millan's Building（Lawrence & Mayo）; 16. 考克斯大楼 Cox Building（Standard Chartered Grindlays Bank）; 17. 旧城堡楼 Old Fort（Handloom）House; 18. JJ 学院 Sir J.J.Institute（Parsi Panchayat）; 19. 讷格尔集市 Nagar Chowk; 20. 邮政总局 General Post Office; 21. 凯匹特电影院 Capitol Cinema; 22. 维多利亚火车站 Victoria Terminus（CST Station）; 23. 孟买市议会大楼 Bombay Municipal Corporation Building; 24. 印度时代报社大楼 Times of India Building; 25. 克劳福德市场 Crawford（Mahatam Jyotiba Phule）Market

图 2-33　孟买 D. N. 路街区重要历史建筑分布

局出台规定要求沿街建筑的一层必须采用外廊式以提供人行空间，这也成了街区各类型的不同风格建筑立面上为数不多的统一元素（图 2-34）。19 世纪后期这里形成的建筑立面以维多利亚新哥特式、印度—撒拉逊式、新古典主义和爱德华式等为主，沿街一层却为连续的人行拱廊的奇特街景，成为十分罕见的壮丽奇观。

　　D.N. 路两侧云集了众多造型严谨、风格迥异的建筑群，功能包括政府办公、银行保险、文化教育、交通运输、商业及宗教等各种类型。其中不乏许多著名的历史建筑，如维多利亚火车站（Victoria Terminus）、克劳福德市场、孟买市议会大楼（Bombay Municipal Corporation Building）、印度时代报社大楼（Times of India Building）、JJ 艺术学校（Sir Jamsetjee Jeejebhoy School of Art）、JNP 公共图书馆（The J.N.Petit Public Library）、瓦特查庙（Vatcha Agiary，帕西人的火庙）等等（图 2-35、图 2-36）。凭借着独特的地理位置以及近、现代在政治经济活动领域对孟买乃至

图 2-34　孟买 D. N. 路街景

图 2-35　孟买 JJ 艺术学校

图 2-36　瓦特查庙建筑入口门廊细部

印度的影响，使得整个街区具有十分丰富的文化内涵。

　　根据 1995 年孟买遗产条例法案，D. N. 路被认为是一个非常有价值的城市历史街区，评级为 I1 级历史街区。为了保护并更好地利用这一特有的城市街区景观，孟买城市发展管理局（Mumbai Metropolitan Regional Development Authority）举办了一项名为"达达拜·瑶罗吉路遗产街景工程"的保护项目，并在 2004 年斩获著名的"联合国教科文组织亚太区文物古迹保护优异奖（UNESCO's Asia-Pacific Heritage Award of Merit）"。

（3）加尔各答 B. B. D. 贝格历史街区

位于加尔各答市中心西侧毗邻胡格利河（Hooghly River）的 B.B.D. 贝格在英国统治时期被称为达尔豪西广场（Dalhousie[1] Square），全称为 Benoy–Badal–Dinesh Bagh[2]。达尔豪西广场是南亚地区少数幸存的殖民中心之一。凭借其外围环境及周边历史建筑良好的保存性，这里成为印度最具殖民特色的街区（图 2-37）。

在不同时期，这里又被称为堡前绿地（The Green before the Fort）及水池广场（Tank Square）。这里在殖民时期就是英国人建造的旧堡垒（Old Fort）及白镇（White Town）所在地。18 世纪至 19 世纪，加尔各答是英属印度的首都，而达尔豪西广场则成为这个国家的金融、社会和政治中心。现在这里仍然是印度西孟加拉邦政府的权力中心，同时也是加尔各答的中央商务区（图 2-38）。

图 2-37　加尔各答 B. B. D. 贝格及周边历史街区区位

---

1 达尔豪西（Dalhousie），1847—1856 年的印度总督。

2 为纪念 Benoy、Badal 及 Dinesh 这三位年轻的印度独立运动分子而命名。1930 年 12 月 8 日，三人在当时的达尔豪西广场北侧的作家大楼将监狱监察长 N.S. 辛普森枪杀，随后他们被当局杀害并最终导致了印度人民的反抗运动。

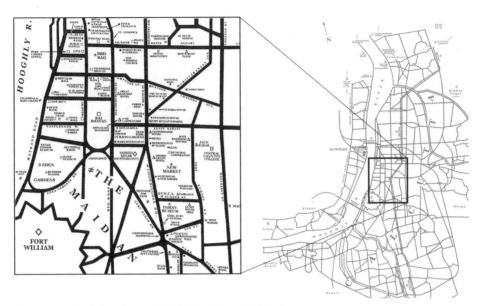

图 2-38　加尔各答 B. B. D. 贝格周边地区历史建筑分布

　　许多著名的事业单位、企业及银行总部或是分支机构都设在这附近，如作为西孟加拉邦政府秘书处大楼的作家大厦（The Writer's Building）、皇家交易所（Royal Exchange）、邮政总局（General Post Office）、电话公司大楼（Telephone Bhawan）及圣约翰教堂（St. John's Church）等等。据不完全统计，B.B.D. 贝格周边的纳塔吉·苏巴什（Netaji Subash）路更是云集了印度几乎所有的各大银行（包括 Bank of India、Central Bank of India、Allahabad Bank、Standard Chartered Bank、The Hongkong and Shanghai Banking Corporation、Punjab National Bank、Punjab & Sind Bank、HDFC Bank、ICICI Bank、Axis Bank、UCO Bank、Bank of Baroda、State Bank of India、Oriental Bank of Commerce、Indian Overseas Bank、Vijaya Bank、Federal Bank、IDBI Bank、United Bank of India、TamilNadu Mercantile Bank、Kotak Mahindra Bank、State Bank of Bikaner & Jaipur、Central Bank、Syndicate Bank、Bank of Maharashtra 等等）。当地人称这个区域为 "Office Para"，意为办公场所聚集地（图 2-39、图 2-40）。每天加尔各答市民中的很大一部分都要来到这里上班。另外离这不远的尼赫鲁路（Jawaharlal Nehru Road）也有不少历史建筑，如欧贝罗伊大酒店（The Oberoi Grand Hotel）、印度美术馆（Indian Museum）、乔林基大厦（The Chowringhee Mansions）等等。

图 2-39 从 B. B. D. 贝格东岸看西侧建筑群　　图 2-40 B. B. D. 贝格附近的历史建筑

圣约翰教堂的院子里有焦伯·查诺克（Job Charnock）的陵墓，据说这个陵墓是加尔各答最古老的砖石建筑。B. B. D. 贝格还拥有来自达尔彭加（Darbhanga）的著名慈善家拉克斯赫梅斯赫瓦尔·辛格（Lakshmeshwar Singh）王公（1858—1898）的雕像，做工精细的像体由爱德华·昂斯洛·福特（Edward Onslow Ford）负责雕刻。

1911 年印度将首都从加尔各答迁往新德里。随着时间的推移，达尔豪西广场周围的建筑物被人们慢慢淡忘。有几栋两百多年的老建筑正面临被拆除的命运，整个广场的辨识度也正受到来自扶贫开发计划和爆炸性的人口增长所带来的威胁。但在最近，当地保护组织已经开始了区域的恢复和振兴计划。因对该地区"几十以来的忽视"，B. B. D. 贝格已被列入世界文化遗产基金会（WMF）名下 2004 届及 2006届世界古迹观察（World Monuments Watch）名单。在这之后，国际金融服务公司美国运通（American Express）通过 WMF 向 B.B.D. 贝格的街区保护及更新提供专项资金。

第四节　后期帝国的首都建设

1. 从加尔各答迁都至新德里

自 19 世纪到 20 世纪初，大英帝国达到鼎盛时期，统治了世界陆地的四分之一。20 世纪初大英帝国的殖民地同时建设了三个首都：澳大利亚的堪培拉（1901），南非的斐京（1910）以及印度的新德里（1911）。这三个城市的历史背景大相径庭。堪培拉、悉尼和墨尔本城市中间规划了宽敞的牧草地，均采用了国际竞标中美国建筑师沃尔特·贝理·格里苏（Walter Burley Griffin）的方案。斐京是以逃离了英国统治的布尔人（荷兰殖民入侵者的子孙）1857 年所建的棋盘格状城市为蓝本的。对应大英帝国内的其他自治领联邦政府的首都，作为大英帝国的直辖殖民地印度帝国的首都而建的是新德里（图2-41）。

1911年，印度当局宣布了从帝都加尔各答向德里迁都。以加尔各答位置的偏僻性和气候严酷等为由，迁都论在很早就已经开始了。当局最终选择曾是印度莫卧儿王朝帝都的沙哈加哈纳巴德（ShahJahanabad）南部作为规划用地。相对于英国统治时期建设的部分为新德里，沙哈加哈纳巴德被称做旧德里。英国人在体验了加尔各答不卫生的低湿地环境之后，十分注意建设选址，尤其重视卫生

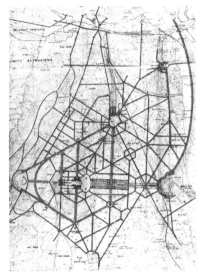

图 2-41　新德里规划（德里都市规划委员会最终报告方案，1913）

问题。特别重视防止感染症疾，适度干燥，让树木得以充分生长等条件。亚姆那河和丘陵所包围的三角洲地区，是印度历代王朝都城所在地，是能显示拥有印度次大陆正统权力继承者的场所。向德里的迁都，也有对蓬勃发展的印度民族主义实施怀柔政策的意图。但另一方面，有的舆论也认为德里一带散布着有历代王朝遗迹的王权墓场，应规避向那里迁都。实际上英国对印度的统治，从1947年印度、巴基斯坦分离独立开始到新德里完成，只用了16年就终结了。

2. 显示威严的首都规划

把城市设计的不同类型元素结合在一起的企图，首先出现在1911年鲁琴斯进行的新德里规划中。这个规划的基础，是两条不同的道路系统的结合：一条是随纪念性中心而定的雄伟大道，它以不列颠的新居住区为中心；另一条是现有街道的交通系统。建筑和规划是一种统一趋向的产物，鲁琴斯把城市既有结构组织成仿佛是本来的地理特征。因此，纪念性和画境互相补充，城市脉络非常清晰（图2-42）。

印度是不断衰亡的帝国主义统治的最后堡垒，其新都的建设也显示了大英帝国的威严，在当时倾注了英国的全部城市规划技术。以城市规划师G. S. C. 温顿（G. S. C. Winton）为委员长，建筑师埃德温·鲁琴斯（Edwin. Lutyens）、土木工程师J. A. 布罗迪（J. A. Brodie）等组成的德里都市规划委员会于1912年在英国伦敦成立。城市

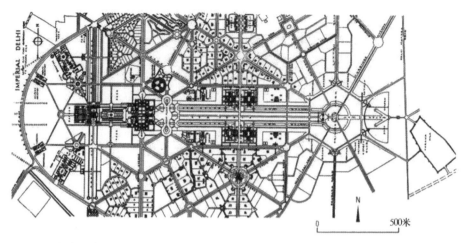

图 2-42 新德里城市主轴线规划

规划家兰彻斯特（H. V. Lanchester）作为顾问参加，在其带动下当时在南非活动的建筑师赫伯特·贝克（Herbert. Baker）也前来作为设计的协助者。旧德里和新德里之间设卫生隔离绿化带，居住划分一开始就意识到按照人种进行。新德里的住宅区规划，明确隔离了印度人和英国人，此外还按照社会和经济阶层详细地规定了居住区的人口密度。英国高级官僚住宅的模式是带有阳台、围合庭院的大平房（Bungalow）式的消夏别墅。这样的人种隔离不仅限于印度，在殖民城市规划中基本上都被采用。街道规划强调轴线，由放射状道路几何形构成，以向东缓缓倾斜的"国王大道"[Kingsway，现在被称为拉杰大街（Rajapath）大道]为主轴形成了宏观视角的巴洛克式城市规划（图 2-43）。国王大道是从总督府（即现在的大统领官邸，建于1929年）起延伸到左右两栋的秘书处大楼（1931），至印度门，继而到王朝遗迹旧堡（Purana Qila）的西北角的轴线。总督府和秘书处大楼建的丘陵景观，有意识地模仿雅典卫城（Acropolis），将大英帝国的威严具象化。与国王大道垂直的是"国民大道"[Greenway，现在被称为贾恩（Janpath）大道]，议会街（Parliament Street）作为商业中心地康诺特广场（Connought Plaza）北边的顶点与国王大道成60度角相交，从秘书处大楼到旧德里的贾米清真寺（1658），与莫卧儿帝国的王城"红堡"[1]相连。

---

1 红堡（Lal Qila）是莫卧儿帝国时期的皇宫。自沙·贾汉（Shah Jahan）皇帝时代开始，莫卧儿首都自阿格拉迁址于此。红堡属于典型的莫卧儿风格的伊斯兰建筑，位于德里东部老城区，紧邻亚穆纳河，因整个建筑主体呈红褐色而得名红堡。整座城堡是象征莫卧儿帝国强大势力的一个标志性建筑，自1639年开始建造，耗费近10年的时间才完成。

图 2-43　新德里城市主轴线鸟瞰

在新德里的规划中巧妙地融入了王朝遗迹，显示了大英帝国是正统的印度次大陆的统治者。

3. 首都的建设者

　　参与设计与新德里政府相关建筑的主要是英国人鲁琴斯[1]（图 2-44）和贝克这两位建筑师。鲁琴斯设计了总督府和印度门，贝克则设计了秘书处、议会大厦（贝克还在 1910 年设计了南非比勒陀利亚总督府）。贝克将带有边翼的对称式古典

---

1 埃德温·鲁琴斯（1869.3.29—1944.1.1），出生并逝于伦敦，是 20 世纪英国建筑师的先导。鲁琴斯从 1885—1887 年在伦敦南肯辛顿艺术学校（South Kensington School of Art）进修建筑学。毕业后，他加入了乔治·欧内斯特（George Ernest）及哈罗德·安斯沃思·佩托（Harold Ainsworth Peto）的建筑室工作，并在那时结识了赫伯特·贝克爵士。

图 2-44　建筑师鲁琴斯

主义建筑引入了新德里的秘书处设计中。此外在堪培拉的设计竞赛中获胜的沃尔特·贝理·格里芬（Walter Burley Griffin）后来也在印度活动，说明以大英帝国为中心的殖民地间存在着城市规划和建筑专家的竞争。他们与殖民地规划密切相关，承担着创造城市景观、将大英帝国的威严具象化的任务。通过这些建设者们，将宗主国所拥有的城市规划技术、制度、理念输出给殖民地，同时殖民地的经验也被输入到了宗主国。总督府和秘书处设计中使用了印度产的红、黄砂岩，还配有红砂石。在欧洲国际主义的近代建筑运动百花齐放展开时，鲁琴斯和贝克在殖民地将印度的撒拉逊样式用到细部，将新古典主义与印度－撒拉逊风格融为一体。新德里城市规划建设始终贯彻了英国人的崇高理想。

小结

早期欧洲列强以沿海商业贸易为主的殖民形式并未对印度半岛产生质的影响，但随着宗主国在印度的实力慢慢增加，为发展贸易而建立起来的商馆、要塞等等因当地经济的不断繁荣很快发展成小型的城镇。这其中以英国统治的三个港口城市的发展最为典型。早期英国东印度公司选择孟买、金奈、加尔各答作为营业据点建起了要塞化的商馆。这三处商馆的统治地域被称为管辖区（Presidency），并任命知事。最初被任命为知事的有孟买（1682）、马德拉斯（1684）、孟加拉（1699）。三位知事是对等的，并拥有同样的权限。1773 年获得征税权在经济上极为重要的孟加拉，被赋予了高于其他地区的地位和监督外交的权力。孟加拉的首府加尔各答后来一直作为英国的首府统领着整个印度次大陆，直到 20 世纪初迁都至新德里。

相比以棋盘状街区类型为基调的新大陆和澳大利亚的殖民城市，亚洲尤其是印度的英国殖民地城市发展有着自身的特殊形式。与新大陆和澳大利亚那些基本由白人构成的社会不太一样，这里更重视强调在土著社会中的统治与被统治的关系。

1911 年第 26 任总督哈丁（Harding）男爵宣布德里迁都。这对于气势昂扬的反英运动既是一种对策也是一个较大的转机。新德里的建设是事关大英帝国威信的事业，也可以说显示了英殖民城市的完成形态。规划设计重视保护印度的文化遗产和优良传统，为了保存遍地文物古迹的历史名城德里，决策者将该城市整体保留了下来，在德里西南另建新都。此远见卓识令人钦佩——他们完整地保留了一座古都。而德里新城自然就成为大英帝国首都的建设用地。新德里的建设完成于 1931 年，当时的大英帝国位于其顶峰时期，统治了地球上陆地四分之一的土地。然而，之后不到 20 年，印度独立了。新德里成为送给新生印度的最高馈赠，英殖民城市的完成也是殖民统治结束的开始。

对于印度人来说，这些城市是非常宝贵的固定资产，这对独立后的印度城市建设与发展有着十分重要的意义。

第三章　印度殖民时期铁路的发展

　　印度是第一个开启铁路时代的亚洲国家。它领先建成于 1872 年的日本第一条铁路京滨（东京—横滨）铁路 19 年，领先建成于 1876 年的中国第一条铁路淞沪铁路 23 年。1843 年，后来出任印度总督的达尔豪西勋爵强烈主张修建铁路。很多印度人至今引以为豪地记着他的一段话："伟大的铁路系统必将彻底改变这个烈日下的国度，它的辉煌和价值将超越罗马的引水桥、埃及的金字塔、中国的长城以及莫卧儿王朝的寺庙和宫殿。"美国《国家地理》曾制作一部纪录片《伟大的印度铁路》。2004 年，联合国教科文组织则将建于 1887 年、雄伟精美的孟买维多利亚火车站列入了《世界文化遗产名录》（图 3-1）。铁轨连接了印度的高山和丛林，也连接了港口和平原。它大大提高了木材、大米、茶叶等各种货物的运输效率，更重要的是，它载着人们在整个印度次大陆穿行，彻底改变了印度半岛的思想观念、生活方式和文明进程。2003 年，印度铁路 150 周年生日之际，印度《先锋报》发表社论说，近一个世纪中如果说有什么曾深刻地改变了整个印度次大陆，那就是印度铁路。

图 3-1　孟买维多利亚火车站及周边鸟瞰（1934）

虽然，铁路的引进为英国后来一百年的统治和掠夺提供了极大的便利，但铁路在给广大基层群众提供简便的旅行方式的同时，也给印度次大陆输送了"民族主义思想的火车头"。"圣雄"甘地曾乘坐三等车厢到全国各地旅行考察；后来成为印度独立后第一任总理的尼赫鲁，说自己在周游全国的列车中"发现印度"。因此，可以毫不夸张地说，印度的铁路发展在传播现代民主思想、统一多民族文化和削弱种姓与教派藩篱中起到了不可替代的作用。

第一节　英国修筑铁路的原因

1. 加强商业掠夺

发源于英国中部地区的工业革命大大地提高了其生产力。工业革命给人们的日常生活和思想观念带来了巨大的变化，使用机器为主的工厂逐渐地取代了手工工场。工厂制造的大量工业化产品需要充足的原料供应，更需要广阔的倾销市场。而作为英国殖民地的印度半岛，正是绝佳的广阔原料供应地和海外市场。然而印度次大陆幅员辽阔，而且交通运输条件非常落后，虽然得益于蒸汽船的广泛应用，早年为掠夺印度大陆上优质的棉花，英国曾在加尔各答地区展开过船运活动，但是这些船运在印度沿海口岸地区发挥作用，对于次大陆广袤的腹地来说仍无济于事。内地与沿海之间落伍的陆运系统，导致物流效率低下且货运成本昂贵，致使原材料价格居高不下。这让那些希望掠夺殖民地廉价原材料从而赚取高额回报的欧洲商人非常头疼。解决不了次大陆上物流这一难题，就无法达到资本家们预期的目的。马克思就曾指出："英国的工业巨头们之所以愿意在印度修筑铁路，完全是为了要降低他们的工厂所需要的棉花和其他原料的价格。"[1]

工业革命的浪潮势不可挡，在18世纪中叶后迅速向欧洲大陆蔓延，19世纪传至北美。为了试图保持自己在世界范围内工业上的垄断地位，英国加大了掠夺殖民地的力度，此时印度大陆上的货运变得愈发重要。19世纪70年代以后，英国除了将印度作为自己的原材料供应地和海外市场外，还将其视作自己的重要资本输出地。在这期间，英国的粮食自给率也日益降低，19世纪初英国从印度半岛

---

1 马克思. 不列颠在印度统治的未来结果 // 中共中央马克思恩格斯列宁斯大林编译局. 马克思恩格斯选集 [M]. 北京：人民出版社，1972.

进口的小麦已占其小麦进口总量的 13.3 %[1]。此时在印度次大陆大力开展铁路建设成为这个时期英国统治者最迫在眉睫的任务。

2. 巩固军事实力

英国在印度修建铁路一方面是为了便于经济剥削，另一方面是为了巩固自己在印度半岛的各项势力[2]。要知道英国人在印度的势力扩张并非一帆风顺，相反，在整个过程中受到了印度人民顽强、激烈的抵抗。这种持续的反侵略行动从来没有停止，甚至延续到英国在印度次大陆建立起殖民统治之后。而于 1857 年爆发的印度民族大起义，突出地表现了印度全国人民对英殖民统治者的强烈仇恨。因此尽快平息这场斗争，及时补充军事力量成为英殖民统治者首要考虑的问题。而发展铁路运输，对于在广阔的印度次大陆上迅速有效地调动军事力量及缩减军事机关的开支有着十分重要而积极的影响。英军指挥官沃伦曾说："如果能在较短时间内把命令连同军队和补给一同送到目的地，那这种质的改变所产生的重要意义是不可估量的。驻军可以驻扎在比现在距离更远、卫生状况更好的地方，这样就可以避免许多无谓的牺牲。仓库的补给物品也不需要储存很多，可以减少因腐烂及天气因素造成的损失。得益于快速调动能力，前沿军队常驻兵力也可以相应地缩减不少。"[3]

3. 缔造亚洲海上航母

在英国统治印度次大陆后，这里迅速成为其帝国主义下侵略东南亚、东亚等其他国家及地区的前沿阵地。英国在亚丁、新加坡及香港的军事力量大部分是在印度境内征集的[4]。为了加强在印度半岛的统治力度，并进一步展开在亚洲其他地区的军事干预，英国愈发感觉到了在印度发展铁路运输的必要性。印度半岛这个前沿哨所很快就成为英国展开对亚洲其他地区侵略的跳板。铁路运输使得统治者军事力量的机动性大大增加，稳定了印度半岛的局势，不仅如此，还可以抽调兵力派往亚洲其他国家。而英国在印度西北部修筑的铁路，更是为其日后侵略阿富汗、伊朗埋下了伏笔。因此，英国之所以在印度修建铁路，也有为后期侵略亚

---

1 樊亢，等.外国经济史（近代现代）[M].北京：人民出版社，1981：272.
2 许永璋.论殖民地时期印度的铁路建设[J].南都学坛，1992（04）.
3 马克思.马克思恩格斯选集[M].北京：人民出版社，1972：72.
4 安东诺娃，等.印度近代史[M].北京编译社，译.上海：三联书店，1978.

洲其他国家的长远考量。

第二节　殖民时期的铁路建设

1. 东印度公司统治时期

19 世纪 40 年代为近代印度铁路建设的开端。1845 年，英国资产阶级已经开始酝酿着铁路的修建工作，他们在东印度公司的协助下，筹集了修筑铁路的资金，并由大财团们组建了"东印度铁路公司"和"大印度半岛铁路公司"。1849 年，孟加拉管区首府加尔各答附近一条实验性铁路建成通车。1853 年 4 月 16 日，从孟买到塔纳之间一条长 3.6 公里的铁路建成，成为印度史上第一条正式投入运营的铁路。在这之后，英国殖民者在沿海地区大力开展铁路的建设，以三大管区首府加尔各答、孟买及马德拉斯等口岸城市为中心，优先建设内陆至口岸的线路。"东印度铁路公司"在 1854 年时已有 37.5 英里的铁路线建成通车；同年孟买到卡利安的铁路也建成，共长 37 英里，隶属于"大印度半岛铁路公司"；"东印度铁路公司"由加尔各答至拉尼甘吉的 121 英里的线路于 1855 年建成通车；马德拉斯到阿尔科特铁路线于 1856 年完工，长 65 英里，隶属于"马德拉斯铁路公司"[1]。这时期印度铁路线路的建设发展较为迅速，其总长度在 1857 年的时候已经达到 288 英里[2]。

这时期，除上述三条铁路线外，印度并无其他的线路建成。不过值得一提的是 1853 年总督大贺胥制订的印度铁路的扩展计划，正是为响应这一号召，当局宣布组建了"印度大南方铁路公司""东孟加拉铁路公司""加尔各答东南铁路公司""孟买、巴罗达、中央铁路公司""信德铁路公司"等一大批铁路公司，这为今后印度铁路的大发展奠定了基础，这些公司组成了日后印度铁路网修筑的核心力量。

2. 英国直接统治时期

印度民族大起义后，迫于当时的统治压力，英国殖民者加快了修筑铁路的节奏。从 1859—1869 年十年时间里的修筑量激增，印度铁路线的总长度由原来的

---

1 罗梅什·杜特.英属印度经济史 [M].陈洪进，译.上海：三联书店，1965：146.
2 樊亢，等.外国经济史（近代现代）[M].北京：人民出版社，1981：274.

432 英里迅速扩展至 5 015 英里 [1]。19 世纪 70 年代后，当局试图更大幅度地将印度铁路线路的规模继续扩大，陆续收购了那些私营的铁路公司，加以整合并最终由政府直接管控。从此之后，印度铁路迎来了急剧增长的年代（图 3-2）。

据资料记载：印度铁路线总长度 1871 年为 5 077 英里，1881 年为 9 891 英里，1891 年为 17 564 英里，1901 年为 25 371 英里，1913 年为 34 656 英里。 这对于印度铁路来说不仅是量的变化，更是质的飞跃。英国官方一份 1874 年的文件记载着："这里（印度半岛）离最终铁路网的形成已经不远了，其主要铁路干线几

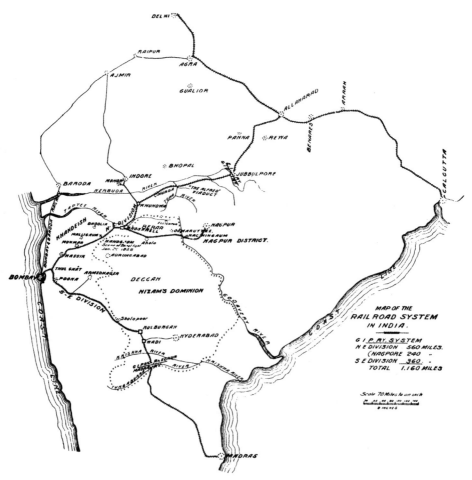

图 3-2　印度铁路（19 世纪 70 年代）

---

1 波梁斯基 . 外国经济史 [M]. 郭吴新，译 . 上海：三联书店，1963：407-408.

近建成，铁路支线正在筹备建设或已纳入远期规划。……由于私营公司已不再成为修筑铁路的核心力量，所有铁路线路的建设任务最终会被政府所掌握。孟买到马德拉斯以及加尔各答到谟尔坦、孟买的两条主线目前已经建成通车。其中孟买到马德拉斯这条铁路线于 1871 年 5 月 1 日建成。"[1] 印度在 1880 年就已经建成一套完备的铁路系统，这在当时的亚洲是首屈一指的。1903 年特派专员罗伯特逊在一份关于印度铁路调查报告里提到："印度铁路发展迅速，这里每平方英里的铁路线长度要远超世界上其他的大部分地区。"而取得这样的成绩正是得益于英国人的铁路发展政策（图 3-3）。据悉，这时期印度人均铁路线长度已达近 0.13 米[2]。

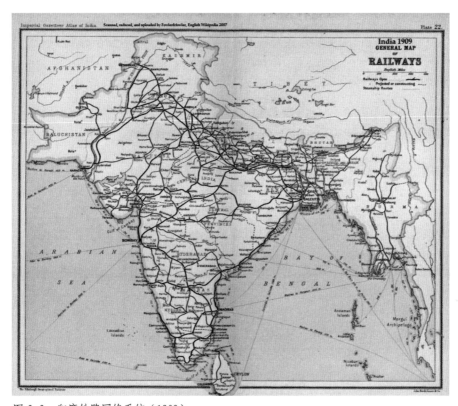

图 3-3　印度铁路网络系统（1909）

1 罗梅什·杜特.英属印度经济史 [M].陈洪进，译.上海：三联书店，1965：146，297.

2 克拉克.新编剑桥世界近代史 [M].中国社科院世界历史研究组，译.北京：中国社会科学出版社，1987：595.

据资料显示，第一次世界大战后印度铁路仍在发展，但增长速度已远不及战前。1871—1913年的43年里，印度铁路线总长度增长了29 579英里，达34 656英里；1939年铁路线总长度达到41 133英里，在26年的时间里仅仅增长了6 477英里[1]。

3. 铁路系统的形成

1947年前，加尔各答、马德拉斯、孟买以及卡拉奇构成了印度铁路的四大枢纽核心。以这些沿海口岸城市为中心，向内地发散辐射形成印度铁路的干线系统。铁路主干线以东孟加拉铁路、东印度铁路、孟加拉拿普尔铁路、大印度半岛铁路、南印度铁路、孟买巴洛达铁路、马德拉斯与南马拉他铁路、阿萨密孟加拉铁路、西北铁路等等为主[2]。境内的干线四通八达，遍布次大陆各个角落，辅以相当规模的支线系统相互整合，在印度次大陆形成了十分稠密的网状铁路系统。

这时期修筑的铁路轨道宽度可分为宽轨、中轨及窄轨三种。为便于货物的运输，沿海口岸城市连接内陆广袤腹地的铁路干线都采用了宽轨，恒河平原北部地区的干线及大多数的支线则采用中轨，北部山区及地方性铁路则设计为窄轨铁路（图3-4）。从线路的分布及轨道宽度的分区运用可以看出，英统治者在这里修筑铁路完完全全是从剥削统治及经济利益的角度考虑的。英统治者把原料产地至沿海口岸的货运费率设置得比内陆地区之间的低很多，显然这极大地限制了本土经济的发展。这些由英国殖民者修建的铁路其实是英统治者的吸金与压榨工具。从建成的第一天起，它就成为"印度大象"身上的捆绑着的一条条铁链。

第三节　铁路建设的影响

1. 铁路建设带来的问题

铁路的发展使得殖民统治者对印度人民的压迫力度不断加大。有资料显示，到1870年，当局用于铁路建筑的投资约9亿卢比，而至1900年投资总量已达32.95亿万卢比[3]。这在当时实属巨额投资，而这些投资或多或少都与本土人民有

---

1 樊亢，等.外国经济史（近代现代）[M].北京：人民出版社，1981：274.

2 蒋君章.现代印度[M].上海：商务印书馆，1947：104-106.

3 安东诺娃，等.印度近代史[M].北京编译社，译.上海：三联书店，1978.

图 3-4　卡尔卡—西姆拉（Kalka-Shimla）窄轨铁路（2007 年被评为世界文化遗产）

关。早期私人公司经营铁路时，不管最终投资是否赢利，即使是亏本，资本家们都可以获得利润，因为他们还有一个来自官方 5% 左右的利润空间的许诺。因此，与官方的这一协议，使得私营公司在兴建铁路之初根本不去考虑如何节省经费，从而导致修建铁路的过程中存在极大的浪费现象。当时负责铁路工程的官员和设计师们的薪酬很高，加之他们压根不关心节省经费事宜，重要决定常草率敷衍，导致铁路修建的成本很高。

　　担任过殖民时期政府财长的威廉·马赛曾说："东印度铁路公司花的钱远远超过它所应花的钱，其中大量的经费非常可惜地被浪费掉了。我觉得东印度铁路每英里建设成本差不多为三万英镑。"[1] 1873 年印度副督约翰·劳伦斯也曾讲道："新建铁路浪费很大，所花的钱大大超过它应当花的钱。我觉得关于这个问题，这里的人都是非常气愤的。"[2] 铁路的建设使得印度人肩上的负担变得更重了。

1、2 罗梅什·杜特 . 英属印度经济史 [M]. 陈洪进，译 . 上海：三联书店，1965：294.

当局用于印度铁路建设的费用，主要来源于两个方面：一部分来自英国本国的投资，如英殖民者曾在国内发行大量债券；另一部分来自殖民地当局的财政税收。

1909—1910年度英殖民者在印度的总体投资中，铁路投资占约37.4%，仅次于公债募资[1]。为了偿还这部分投资的利息，印度年年需要支付巨款资金。英国统治者在铁路的建设中获取巨额的利润，而印度国民却付出了几乎所有心血。铁路的修建过程中，当局很少考虑铁路沿线居民的利益，有时还堵塞河道，从而造成大片农田变成荒地。

2. 铁路建设的积极意义

铁路工程的实施，一方面使得殖民者对印度的压榨剥削变得更重，另一方面也间接促发了印度国内的资本主义萌芽。除了北部孟加拉及恒河平原外，印度次大陆其他地区基本没有可以满足航运要求的内河，铁路运输这时成为唯一的货运支撑体系。广袤腹地的大量原材料经铁路可以快速有效地运送至沿海口岸，而西欧先进的工业制品也可经由口岸迅速涌入内陆地区。为使土地资源利用最大化，资本家们在很多地区推行种植单一农作物，马德拉斯的花生、孟加拉的黄麻、马哈拉斯图拉的棉花、阿萨姆的茶叶以及旁遮普的小麦等等都是这时期政治干预的结果。而这严重干扰到了印度结合手工业的农业体系，使得本来自给自足的自然经济遭到十分严重的破坏，大量印度农民以及手工业者失去了生计，进而涌向城市。这对印度自然经济的影响是非常深远的，因为它的瓦解，使得国内市场不断开放，而城市增加了许多廉价的劳动力。

当然，铁路的影响远不止这些，在引发发展资本主义浪潮的同时，带动了整个印度工业的大跃进。马克思指出："只要你把机器应用到一个有煤有铁的国家的交通上，你就无法阻止这个国家自己去制造这些机器了。如果你想要在一个幅员广大的国家里维持一个铁路网，那你就不能不在这个国家里把铁路交通日常急需的各种生产过程都建立起来，这样一来，也必然要在那些与铁路没有直接关系的工业部门里应用机器。所以，铁路的建设成为印度国内工业生产发展的决定性先导因素。"[2]冶铁、采煤工业使得人口向矿山和铁路沿线汇集，随之发展起来的，

1 樊亢，等.外国经济史（近代现代）[M].北京：人民出版社，1981：273.
2 马克思.不列颠在印度统治的未来结果 // 中共中央马克思恩格斯列宁斯大林编译局.马克思恩格斯选集[M].北京：人民出版社，1972：72-73.

是与生活息息相关的轻工业。同样的，重工业得益于轻工业的迅猛发展也进入了快速发展的轨道。印度著名的塔塔公司[1]就是一个很好的实例。实业家塔塔于19世纪末创办了一些纺织厂，然后又将一部分从这里获得的利润用来发展钢铁工业。纵然第二次世界大战期间印度工业化还没有完成，但已拥有不少现代化的工业。阶层的分化随着传统经济的瓦解和现代工业的发展一起改变，如资产阶级及无产阶级的出现。最初的工业无产阶级于19世纪中期第一批铁路线路被修建的时候开始诞生，随着铁路系统的扩大以及其他配套行业的发展，这个阶层人员快速增长。而民族资产阶级也随之不断壮大，与无产阶级一道共同成为印度国内反殖民斗争的主要力量。

　　铁路网络的形成有助于原来因交通不便等原因导致的封闭式社会不断自我改进。马克思指出："原始公社生活水平不高，同其他的公社间很少来往，当然没有希望社会进步的意向，更没有推动社会进步的行动。不过如今英国统治者已经把原始公社的这种自给自足的惰性打破，铁路会使互相交际和交换的新要求得到满足。"[2]印度的铁路网延伸至半岛的大部分地区，把农村与城市、内陆与沿海连接起来。这促使农村公社的旧意识形态进一步瓦解，带给人们新的知识观念。在印度建成一个铁路网，就如同马克思所谈到的，其"后果是无法估量的"。英殖民者在印度修建的铁路对印度社会造成巨大而持续的影响，加深了殖民者对次大陆的压迫与统治，也促使封建社会的进一步瓦解以及近代资本主义的产生及发展。

　　殖民时期建成的铁路成为英殖民者留给独立后印度的一笔宝贵的财富（图3-5）。1950—1951年，印度铁路线总长达53 596公里，成为当时世界上铁路线第四长的国家，仅次于美国、苏联及加拿大；而其铁路网约每50平方公里就有1

---

1 塔塔集团由詹姆谢特吉·塔塔（Jamsetji Tata）于1868年创立。公司的早期发展深受民族主义精神的鼓舞，总部位于印度孟买，现为印度最大的商业集团。集团商业运营涉及七个业务领域：通信和信息技术、工程、材料、服务、能源、消费产品和化工产品，旗下共有31个上市公司，其市值总额约910.2亿美元（截至2013年1月10日），拥有360万股东。集团的主要公司包括：塔塔钢铁公司、塔塔汽车公司、塔塔咨询服务有限公司（TCS）、塔塔电力公司、塔塔化工公司、塔塔全球饮料公司、印度酒店集团、Titan以及塔塔通信公司等。塔塔钢铁公司在成功收购英国康力斯集团（现已更名为塔塔钢铁欧洲）以后成为世界前十大钢铁制造商。塔塔汽车公司是世界排名前五位的商用车辆制造商之一，2008年收购了汽车品牌捷豹以及路虎。
2 马克思．不列颠在印度统治的未来结果//中共中央马克思恩格斯列宁斯大林编译局．马克思恩格斯选集[M].北京：人民出版社，1972：72.

公里铁路线的平均密度在亚洲是首屈一指的，在世界范围内也是居于前列的[1]。

小结

英国统治者在印度的一系列殖民活动对印度社会的发展造成了非常深远的影响。马克思认为这些活动带有破坏性和建设性"双重使命"[2]，而铁路的建设就是这一切的开端。

在"破坏性使命"的影响下印度建立在封建自然经济上的旧有社会随之崩塌。因殖民者的武力掠夺及倾销大量的工业商品，曾经的那些以手工业为主的沿海城镇迅速衰落。而此时，得益于落后的交通条件，广袤内陆的

图 3-5　金奈南方铁路总局广场上的火车头

自然经济仍然存活着。19 世纪中期铁路系统的建成打破了这一切，次大陆上的原材料被快速有效地运至沿海，大量廉价工业产品则向内陆地区疯狂扩散，这把印度落后地区自给自足的自然经济逼上了绝境。马克思曾指出："印度半岛的农业及手工业的毁灭正是由于不列颠的蒸汽机及科学所导致的。"[3]铁路的建设成为毁灭印度封建自然经济的重要因素，同时它也是印度资本主义产生的主要诱因，这就是"建设性使命"。工业革命的发展使得英国各行各业大跃进，并随之诞生了一大批先进的发明成果。英国统治印度时期自然而然地会把先进的资本主义生产方式带到这里。统治者为自身利益修建的大量铁路网也间接使得印度民族资本主义工业得以产生及发展。前期的铁路建设成为后来印度社会各行各业大发展的先决条件。

对待有关英国殖民活动这个类型的问题，我们需要采用辩证的方法。正如马

1、2、3 胡士铎，潘维真 . 印度的人口与分布 [J]. 南亚研究季刊，1986（02）.

图 3-6　金奈中央火车站候车大厅里正在候车的乘客

克思所指出的："英殖民者在印度历史发展中所起的推波助澜的作用只是充当了历史的不自觉的工具。"[1] 几百年的殖民统治对印度社会的影响是非常深远的，这对印度传统的社会结构和价值观造成了强有力地冲击。英国人将先进的西方文明带到印度，并试图改造印度文明。这对印度社会结构产生了不可逆转的持续性影响，并最终为印度新社会结构的建立奠定了基础。

　　进入 20 世纪，印度的铁路系统继续高速发展。1920 年，印度铁路营业长度突破了 6 万公里，成为当时亚洲第一、世界第二大铁路网络系统。尽管独立后印度铁路面临着基础设施老化、行政管理低效、投资资金不足等问题，不过，值得一提的是，印度普通车厢的火车票价非常低廉，可以满足并不富裕的广大印度民众的需要（图 3-6）。而且，印度铁道部每年营利都超过 100 亿美元，利润率在20% 左右，至今依然是全世界营利状况最好的铁路部门[2]。

1　马克思.不列颠在印度统治的未来结果 // 中共中央马克思恩格斯列宁斯大林编译局.马克思恩格斯选集 [M].北京：人民出版社，1972：68.
2　http://news.ifeng.com/gundong/detail_2012_01/15/11981659_0.shtml.

第四章　印度殖民时期的建筑概况及实例

印度殖民时期建筑的类型众多，保存质量非常好。殖民时期建筑的分布范围也随着殖民者的脚步从沿海商馆扩散至整个印度半岛。为开展贸易、植根于印度次大陆，欧洲殖民统治者们一开始侧重于城市规划、堡垒工事和教堂建筑。18 世纪后期至 19 世纪殖民者势力不断增强，为满足统治管理的需要，其建筑的类型也不断增加，涵盖了行政办公、交通运输、文化教育、商业、纪念等等形式的建筑。

第一节 宗教建筑

欧洲殖民者们在印度大陆站稳脚跟之后，随着定居点人口数的不断攀升，服务于欧洲人或是欧亚混血者的教堂类建筑开始变得重要起来。在定居点，教堂崇高的尖顶主宰了城市的天际线，这满足了殖民者的精神需求。

1. 旧果阿的教堂

果阿被誉为"东方罗马"，其建筑对 16—17 世纪印度的建筑、雕刻和绘画的发展都产生了重要的影响，为曼努埃尔艺术及巴洛克艺术在亚洲天主教国家的传播提供了保障。在 18 世纪人们弃城而去之前建造的 60 座教堂中，有以下几座教堂尤为突出，即圣弗朗西斯科·德·阿西斯教堂及修道院（Church of St. Francis of Assisi）、圣母罗萨里奥教堂（Church of Our Lady of the Rosary）、果阿大教堂（Se Cathedral）、圣卡杰坦神学院和教堂（Church of St. Cajetan）、圣奥古斯教堂、圣凯瑟琳小教堂（St. Catherine Chapel）、圣奥古斯丁教堂（Church of St .Angustine，一座建于 1572 年的修道院中的遗迹）、仁慈耶稣大教堂（Basilica of Bom Jesus，全印度最主要的耶稣会修道院，东方第一个印刷所即建于此）等等。1986 年这里被世界教科文组织列为世界文化遗产。

仁慈耶稣大教堂是果阿老城里最负盛名的教堂，建于 1594 年。教堂平面为十字形（图 4-1），长 182.75 英尺（55.7 米），宽 55.5 英尺（16.9 米），高 61.5 英尺（18.7 米）。"Bom"意为神圣的，"Basilica"则专指那些由罗马教廷授予的在教会发展过程中拥有特殊地位的大殿的称号。

教堂用红土石块建造，立面上的大部分的装饰纹样包括柱式的材料则为花岗岩。教堂的立面装饰是果阿众多教堂里最复杂的，也是独一无二的。立面上精心制作的花岗岩艺术雕花浓缩了巴洛克建筑的艺术特色，西侧的主立面采用了各种类型的柱式，包括罗马、爱奥尼、多立克、科斯林及混合柱式等（图 4-2）。主

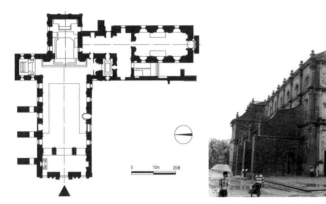

图 4-1　仁慈耶稣大教堂平面　　　　图 4-2　仁慈耶稣大教堂

立面两侧没有用塔楼来配合中间的三角形山花，仅有的一座塔楼被布置在教堂东侧的尾殿处，这在当时来说是很不同寻常的。教堂立面水平分为四段，最下面一层设有三个出入口，位于中间的主入口最高，顶部设有半圆形的拱券，并在两侧各设置了两根科斯林柱作为装饰。二层设有三个方形窗户，居中的较大一些。三层为三个同样大小的圆窗，双螺纹形的涡卷纹样。四层装饰最为考究，中间有石刻字母"I、H、S"，在希腊语里表示耶稣的意思，字母周围环绕着带有翅膀的天使。顶部为一个两侧带翼的三角形山花，这是一种非常经典的模式化主题元素。北立面和东立面原先为白色的抹灰，后来在 1952 年因担心海边盐分较高的抹灰会腐蚀石材，昔日的葡萄牙政府下属的考古部门小心翼翼地将抹灰层去除掉，使得红土石块裸露出来，因而建筑呈现出现在的红土色。

殿堂内部的马赛克—科斯林式的装饰风格简约迷人，令人印象深刻。天花板为带有精细雕刻的木质结构。大殿为单一形式的正殿，两侧无边廊，唱诗班位于底部。较为平整的内墙壁统一粉刷成白色，墙上共有三排窗户。唱诗班旁的柱子上用拉丁语和葡萄牙语刻着教堂始建于 1594 年 11 月 24 日的献词。主入口两侧设置了祭坛，北侧布置的是圣方济各·沙勿略[1]的雕像，南侧为圣安东尼的雕像。位于东侧的主祭坛为巴洛克式，全部为镀金设计，造型扭曲的立柱支撑着顶部的

---

1 圣方济各·沙勿略（St. Francois Xavier）是最早到亚洲传教的传教士之一，曾在印度、马六甲、日本等地传教。天主教会称之为"历史上最伟大的传教士"。他于 1506 年出生在西班牙纳瓦省的哈维尔城堡，1552 年因疟疾死于海岛上。随后他的遗体根据遗嘱被运送到果阿。圣迹吸引了大批信徒，之后每十年皆举行盛大的仪式供各地朝圣者朝拜。

两个天使。幼年耶稣的雕像被安放在圣依纳爵雕像的基座旁，顶部为一个三位一体的雕像，正中为一个象征太阳的圆形图案，上面同样刻着"I、H、S"三个字母。

仁慈耶稣大教堂保存有历史上最伟大的传教士圣方济各·沙勿略的遗体，而这也是教堂在基督教历史上享有重要地位的原因。沙勿略的墓室是1696年由美第奇家族的托斯卡纳大公科西莫三世捐赠的，由17世纪佛罗伦萨的雕刻家福格尼（Giovanni Battista Foggini）花费十年之功才最终完成。保存遗体的棺椁则由纯银制作。另外，在教堂二层的艺术画廊收藏有果阿本地超现实主义画家唐·马丁（Dom Martin）的画作。

果阿大教堂（Se Cathedral，又称Sé Cathedral of Santa Catarina），始建于1562年，是果阿最古老最大的教堂，现为印度东部果阿及阿曼罗马天主教管区的主教堂。1510年总督阿方索·德·阿尔布克尔克（Afonso de Albuquerque）带领葡萄牙人战胜穆斯林军队并夺得果阿，他将这场胜利的荣耀归功于圣凯瑟琳（St. Catherine）。为纪念她，后人在战斗现场附近修建了这座教堂。教堂最终于1619年完工，设计师为安布罗休·阿格艾尔罗斯（Ambrosio Argueiros）及朱里奥·西莫（Julio Simao）。朱里奥·西莫是菲利普11世任命的专门负责新建和修复亚洲地区葡萄牙属地防御工事的工程师[1]，果阿老城的总督胜利之门和圣保罗学院的建设也有他的参与。

大教堂主入口朝向一个精心布置的庭院，门前有多级踏步。立面为白色，造型不是很复杂，大门属于葡萄牙曼努埃尔[2]（Portuguese-Manueline）风格。拥有三个出入口的主立面是托斯卡纳和多立克的混合体，立面上的门窗洞口及壁龛都带有精美的花岗石边框。位于山墙中间的主入口两侧有四根科林斯柱作装饰，中间的窗户装饰有国家盔甲及盾牌的图案，上部的壁龛布置了圣凯瑟琳的雕像，最顶端为一个三角形的山花（图4-3）。大教堂平面长250英尺（76米），宽181英尺（55米），东立面为其主入口，包括十字架在内最高处达115英尺（35米）。最初教堂有两个塔，其中一个在1776年倒塌后因无经费来源就一直没有再重建（图4-4）。幸存下来的塔内放置着5个大钟，其中一个银色特别响亮的大钟是果阿邦最大的。

---

1 Patrick J Lobo. Magnificent Monuments of Old Goa[M]. Panaji: Rajhauns Vitaran, 2004.
2 曼努埃尔式（Manueline）是葡萄牙在15世纪晚期到16世纪中期，因极力发展海权主义，而在艺术和建筑上出现的独特的建筑风格，取名自当时执政的国王曼努埃尔一世。其建筑特色在于扭转造型的圆柱、国王纹章和雕饰精细又繁复的窗框，同时运用大自然图像，如在石头上镶着贝壳、锚等。

图 4-3　果阿大教堂　　　　　　　　　　　图 4-4　果阿大教堂平面

　　大教堂室内非常宏伟，顶部为通长的拱形天花板，内部空间分为主殿和两侧通道区三大部分，两者之间为一排科斯林柱，柱与柱之间为巨大的拱形结构。拱形开口很高，应该是为了使主殿区更多地吸收从教堂两侧照进来的阳光。微微闪光的巴洛克风格主祭坛非常华丽，两侧是几幅古画，背后的整面墙体为一个巨大的非常精美的镀金雕饰背景墙。横向划分为三开间，竖向为三段式，每个区域内都有许多镀金雕像。黄金涂层于 1896 年进行了翻新处理。主祭坛一旁有六幅雕刻有圣凯瑟琳生活场景的面板，画面栩栩如生。另外，为了使果阿人更加虔诚地皈依天主教，教堂还安放了一个产自 1532 年被沙勿略用过的洗礼池，可谓用心良苦。

　　圣弗朗西斯科·德·阿西斯教堂在 1521 年完工，使用了近百年，其被称做 17 世纪果阿最美的宗教艺术作品 [1]。后来因有倒塌的危险被拆除，并于 1661 年开始重建，经费来自天主教徒的自愿捐款。在果阿被征服的那一年，方济各会士们（Franciscans）[2] 随阿尔布尔克一同来到这里，他们可以算是最早来到印度大陆传教的教徒之一。这个重建后仍非常华丽的教堂平面长 190 英尺（58 米），宽 60 英尺（18.3 米），建筑高四层，立面为全白的托斯卡纳风格。建筑主立面朝西，

1 Patrick J Lobo. Magnificent Monuments of Old Goa[M]. Panaji: Rajhauns Vitaran, 2004.
2 方济各会（Franciscan）是天主教托钵修会派别之一。其会士着灰色会服，故亦称"灰衣修士"。方济各会提倡过清贫生活，效忠教宗，重视学术研究和文化教育事业，反对异端，为传扬福音而到处游方。

位于一层中间的大门为曼努埃尔式，门框装饰有水手、皇冠、希腊十字及环状图案等曼努埃尔式特有元素，局部采用蓝色的石块作为建筑材料，现在看来仍觉得非常有特色，可以算作当时比较成功的艺术探索（图4-5）。因其属于较晚的一种建筑风格，建筑的其他部分并未采用这一风格。二层及三层每层有三个窗户，四层由两侧两个对称的八角形塔楼和中央山花组成。屋顶山花有用花岗岩雕刻的天使圣迈克尔的造型。在教堂东北角位于主教堂和通往圣器收藏室的通道之间加建了一个钟楼，现在只有六个小钟安放在里面。

教堂天花板是一个交叉拱形结构，天花和两侧支撑壁挂满了壁画作品。这些壁画有众多造型复杂的花卉图案，采用印度和欧洲的艺术构成元素。内部空间无过道，仅为一个巨大的教堂正殿，两侧内扶壁柱围合形成六个小礼拜堂（图4-6）。扶壁柱上也装饰着做工精细的花卉图案，非常华丽。令人印象深刻的是在中部有个横跨殿宽的巨型拱门，上部提供了唱诗班工作的空间。教堂主祭坛和祭坛背后的整个东侧墙面都为褪了色的金黄色。神社墙上布满各式图案及花纹，每个壁龛里都布置有雕像。

图4-5　圣弗朗西斯科·德·阿西斯教堂

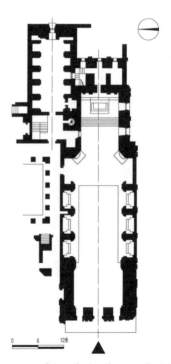

图4-6　圣弗朗西斯科·德·阿西斯教堂平面

教堂旁边为考古博物馆，建于1964年，内部展出骨雕刻、石刻及葡萄牙昔日总督的肖像画等。

圣卡杰坦教堂的修建是戴蒂尼会[1]在果阿宗教事业的结晶，教堂外观为古典主义风格，主立面为科斯林式门廊。四根巨大的科斯林柱抬起了沉重的额枋，它们和其他六根柱子共同构成了整个主立面（图

图4-7　圣卡杰坦教堂

4-7）。教堂横向划分为三个层次。底层有三个出入口，两侧的次入口为带有三角形山花的拱形大门，中间的主入口为矩形，上方雕刻着葡萄牙的国徽，壁龛和侧门上方有一排圆形的窗户。中间层为一排带有栏杆的矩形窗户，中间的三个窗户顶部则是巨大的三角形山花。和中间层类似，最上面也是一排带有栏杆的窗户，只是窗户类型有矩形也有圆形。根据科蒂诺·德·克罗古恩（Cottineau de Kloguen）的观点，教堂是遵循彼得洛·德拉·瓦莱（Pietro della Valle）和盖梅里·凯瑞里（Gameli Carreri）的建议，按照罗马的圣彼得大教堂（Basilica of St. Peter）及圣安德烈·德拉·瓦莱大教堂（St. Andrea della Valle）的模式修建的。教堂中央带有窗户的鼓座上为一个巨大的带有肋拱的半球形穹顶。屋顶周边并没有小穹顶，取而代之的是双翼的两个钟塔。教堂平面长121英尺（36.8米），宽81英尺（25米），立面上有四座巨大的雕像，它们分别为福音传道者圣彼得、圣保罗、圣约翰及圣马修。

教堂室内为白色，内部空间被八根立柱分隔为三大部分，分别为中间的主殿区和两侧的通道区，两边的通道区各有三个祭坛（图4-8、图4-9）。每根柱子侧面都绘有希腊十字的标志，中间的四根柱子支撑着上部的穹顶，在顶部成拱券状相互连接，自成一体。环形的穹顶基座内侧写有黑色的座右铭，在自上而下的天光照射下，白底黑字，素雅而又非常有韵味。后殿的天花为拱形，从基座开始

---

1 戴蒂尼会（Theatines）由圣卡杰坦（Saint Cajetan）、保罗·康西列瑞（Paolo Consiglieri）、博尼法乔·达·科尔（Bonifacio da Colle）和吉奥瓦里·彼得·卡瑞法（Giovanni Pietro Carafa，后来的教皇保罗四世）创建于意大利阿布鲁齐地区中部城市基耶蒂（Theate）。教会的特别的名称就源于这个地名。

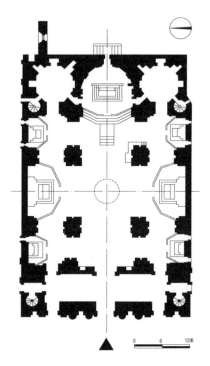

图 4-8　圣卡杰坦教堂内景　　　　图 4-9　圣卡杰坦教堂平面

分为六个拱肋，并最终相交于顶部中心。拱肋与拱肋之间在顶部设有小窗户，从这些窗洞照进来的光线提高了这个区域的照明度，更增添了主祭坛的神秘感。于1661年建成的圣卡杰坦教堂是唯一的一座平面为希腊十字形，且拥有穹顶及半圆形壁龛的教堂[1]。

圣卡杰坦教堂的西北侧为圣卡杰坦修道院，外观同样为古典主义风格。建筑为两层，主立面中部的门廊一层为四根多立克柱，二层为四根爱奥尼柱，顶部为三角形山花。修道院保存有圣卡杰坦的遗物和一些亲笔签名信。道院最近进行了整修，目前为圣派厄斯十世修道院（Pastoral Institute of St. Pius X）。

2. 孟买圣托马斯大教堂

圣托马斯大教堂（St. Thomas' Cathedral）位于孟买市中心霍尼曼街心花园（Horniman Circle Garden）西侧，1672年按照杰拉尔德·安吉（Gerald Aungie）

---

1 Patrick J Lobo. Magnificent Monuments of Old Goa[M]. Panaji: Rajhauns Vitaran, 2004.

的命令开始建造，并于 1718 年完工（图
4-10）。大教堂在建好之前的很长时间
里一直停留在地基阶段，当 1714 年英
军随军牧师理查德·科布克（Richard
Cobbc）来到这里的时候，未完工的教
堂内杂草丛生，他只能在城堡区里的一
间小屋内为市民讲道。其实当时教堂的
建设委托了一个机构负责，只是这个组
织从来没有启用过。牧师科布克对这一
切十分恼火，他称那些人是"不遵守命
令且无用的"。在他严词厉色的批评声
中，负责项目施工的各部门只好严阵以
待，加快节奏，终于在科布克来到这里
的四年后将教堂建好。

图 4-10 圣托马斯大教堂

图 4-11 圣托马斯大教堂内景

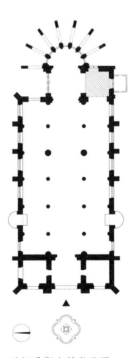

图 4-12 圣托马斯大教堂平面

尽管后期教堂有过几次小改动，但这座建筑仍然被认为缺少特色，没有什么魅力，直到1836年成为教区主教堂时加建了高耸的钟塔，才使得整座建筑变得雄伟起来。教堂平面为简易十字形，建筑采用哥特复兴风格，室内则采用新古典主义风格，主祭坛为中世纪晚期样式。东侧半圆形尾殿外有七根扶壁柱，由圆心向外发散，非常壮观（图4-11、图4-12）。内部的柱子上大量运用了铁艺装饰物。教堂侧墙上细长条的窗户横向排列，窗户玻璃上有许多彩绘。其中最著名的为南侧的三幅全身像，雕像高度相同，中间为圣托马斯像，圣加百利像（St. Gabriel）及圣迈克尔像（St. Michael）一左一右，笔触非常精细，画面栩栩如生。

凭借其独特的历史，孟买的圣托马斯大教堂成为印度及英国众多的圣托马斯纪念物中最有价值的一个[1]。

3. 加尔各答圣安德鲁教堂

图4-13　圣安德鲁教堂

圣安德鲁教堂（St. Andrew's Kirk）位于加尔各答市中心，与著名的作家大厦仅一路之隔。这里是加尔各答首屈一指的苏格兰教堂，教堂内安装有等音风琴，这是以简朴著称的苏格兰教会为数不多的个例（图4-13）。

1792年加尔各答老法院被拆除，1815年教堂就建在了这个地块上（南向前往市中心的道路仍以"Old Court House St."命名），在当地又被称为"Lal Girja"，意为"红教堂"。"Lal Girja"来源于附近的水池广场（Tank Square）的水库名——Lal Dighi，因水面倒映着周围几十年

---

1 Barbara S Groseclose. British Sculpture and the Company Raj: Church Monuments and Public Statuary in Madras,Calcutta, and Bombay to 1858 [M]. Newark: University of Delaware Press, 1995.

来许多的红色砖房，故此得名。

加尔各答圣安德鲁教堂要比马德拉斯的同名教堂晚两年建设。两者风格相似，其造型的源头均来自于伦敦的圣马丁教堂。马德拉斯圣安德鲁教堂于1818年4月6日开工，1821年2月25日完成，室内设计美轮美奂，16根科斯林柱环形排列托起巨大的蓝色圆形穹顶。而加尔各答圣安德鲁教堂在影响力上则要略胜一筹。教堂看起来非常简洁，但庄严感十足。白色多立克圆柱门廊使得建筑古典意味更为浓厚。

1943年豪拉大桥建成之后，当局计划建设一条新的道路将市中心地区与大桥相连，而圣安德鲁教堂就是这条道路的起点。受第二次世界大战的影响，这条道路直到1950年才正式开通。1971年这条路更名为B.T.马哈拉杰（Biplabi Trailokya Maharaj）大道，现在已成为豪拉地区前往加尔各答市中心的主干道。与伦敦的圣克莱门特丹尼斯（St. Clement Danes）教堂一样，圣安德鲁教堂孤零零地站在B.T.马哈拉杰大道双向机动车道之间，像是路中间的一块巨大的安全岛，护送着来往的市民。

4. 加尔各答圣约翰教堂

圣约翰教堂（St. John's Church）由建筑师詹姆斯·艾格（James Agg）设计，原型为伦敦圣马丁教堂，是东印度公司在加尔各答成为英属印度的首都之后建成的首批公共建筑[1]。在1847年圣保罗大教堂成为主教堂

图 4-14　圣约翰教堂

以前，该教堂一直作为加尔各答市英国教会的主教堂（图4-14）。

---

1 Kolkata: Heritage Tour: Religious Buildings: St. John's Church[EB/OL].(2012-01-24).http://www.Kolkatainformation.com.

教堂位于总统府（Raj Bhavan）西北角，于 1784 年开始建设，1787 年完工。工程耗资 3 万卢比，来源于彩票募集。它是加尔各答目前最古老的教堂，仅次于亚美尼亚教堂和老传道会。教堂用地由索尔巴扎家族（Shovabazar Raj Family）的创始人纳博·基申阁下（Nabo Kishen Bahadur）捐赠，工程由总督沃伦·黑斯廷斯于 1784 年 4 月 6 日进行了奠基仪式。入口处的两块大理石碑清楚地描述了这两个历史事件。

教堂为新古典主义的风格，平面呈方形，西侧高耸的石砌尖顶是教堂最鲜明的标志。这座红色的带有时钟的尖顶高约 53 米（与白色的圣安德鲁教堂相比，红色的圣约翰教堂更应该称为"Lal Girja"）。教堂用砖石建成，所用的石材是 18 世纪后期加尔各答一种非常罕见的材料。这些石头全部来自古尔（Gour）的中世纪遗址 [1]，经水路一直运到加尔各答胡格利河岸边。因此建筑又被称为"Pathure Girja"，意为"石教堂"。

图 4-15　圣约翰教堂室内

建筑主入口为一个庄严的门廊，非常雄伟。地板是罕见的蓝灰色的大理石，同样来自于古尔地区。侧立面有上下两层拱窗，开口较大。窗外侧设有木质百叶，在保证室内空气流动的同时可以抵挡炎炎夏日的户外阳光。西入口甚至还设置了一片巨大的镂空片墙，用于抵挡午后太阳的西晒。室内的柱子在 1811 年进行建筑翻新时由多立克改成了现在的更艳丽的科林斯式。主祭坛设计得较为简洁。祭坛背后为深蓝色的地板，顶部为一个半圆形穹顶。祭坛的左边挂着 1787 年的油画《最后的晚餐》，出自于德裔英国艺术家约翰·佐法尼（Johann Zoffany）。祭坛右侧是一个精美的彩色玻璃窗（图 4-15）。教堂的墙壁展示着众多英国军官的塑像及记功牌匾。

---

1 Soumitra Das.Gour to St. John's. The Telegraph, 2008-05-22.

5. 加尔各答圣保罗大教堂

圣保罗大教堂（St. Paul's Cathedral）（图 4-16）位于加尔各答麦丹（Maidan）公园南侧，维多利亚纪念堂东侧。该教堂由主教丹尼尔·威尔逊（Daniel Wilson）于 1839 年发起建设，于 1847 年落成，建成之后一直作为印度北部加尔各答地区英国教会的主教堂。教堂的建设资金来源于主教威尔逊私人捐款、约翰公司的专项资金、印度国内和海外的捐款。

教堂主入口设在西侧，南北两侧为一系列竖向的扶壁柱。中央的高塔灵感来自于坎特伯雷大教堂（Canterbury Cathedral）的哈里钟塔。由于建筑侧面没有长廊，所以进入室内的光线完全依靠彩色玻璃过滤，很有效果。西侧拱窗玻璃上有爱德华·伯恩·琼斯爵士的众多彩绘，全部为经典的拉斐尔前派风格（Pre-Raphaelite Style）。

教堂 60 米高的塔楼在 1897 年的地震中有所损坏，1934 年的地震中损毁更加严重，1938 年，建筑师凯尔（W. I. Kier）仿照坎特伯雷大教堂设计了现在的高约 52 米的塔楼，修缮任务由麦金托什公司负责完成，耗资 7 万卢比。

图 4-16　圣保罗大教堂

6. 马德拉斯圣托马教堂

圣托马教堂（San Thome Basilica）在天主教历史上占据十分重要的地位。教堂由葡萄牙人建于 1504 年，1893 年进行重建，形成了现在所见到的哥特式风格（图 4-17）。除了历史悠久和造型宏伟以外，这座教堂最引人瞩目的地方与它的名字"圣托马（St. Thome）"有关。南印度的基督教们认为，耶稣十二门徒之一的圣托马斯在耶稣死后一路向东，到波斯和印度一带传教。他于公元 52 年从朱迪亚（Judea）来到印度喀拉拉邦（Kerala）传道，不幸的是在公元 72 年

图 4-17　圣托马教堂

被当地人用长矛刺死。罗马教廷对他的功绩给予了高度肯定，认为圣托马是最先将福音传播到印度次大陆的圣徒，而他的尸体据说就被埋葬在圣托马大教堂地下的墓穴中。罗马教廷也多次来此瞻仰和册封，最近一次是教皇约翰·保罗二世在 1986 年的亲自造访。这座后来由英国建筑师修建的教堂为哥特复兴风格，白色大理石墙面、红色坡顶、彩色玻璃拱窗与高耸的尖塔共同组成了建筑特有的外在形象（图 4-18）。这座颇具特色的建筑现在已成为马德拉斯和麦拉坡罗马天主教管区的主教堂（图 4-19）。教堂一侧还附带有一座小型博物馆。

1956 年，教皇派厄斯十二世将此教堂的地位提升至大教堂级别。2006 年 2

图 4-18　圣托马教堂的彩色玻璃窗内景

图 4-19　圣托马教堂内景

月 11 日，印度天主教主教会将这里称为国家圣殿。如今，这座教堂成了印度基督徒们的朝圣中心。

7.西姆拉基督教堂

西姆拉基督教堂（Shinla Christ Church）是北印度除密拉特圣约翰教堂[1]（St. John's Church，Meerut）外最古老的教堂，由布瓦洛（J. T. Boileau）上校于 1844 年设计，并于 1857 年完工。对于西姆拉这样一个非常英式的小镇来说，这座基督教堂在该地区众多大英圣公会信徒心中的地位是非常崇高的。哥特复兴式的教堂建筑在小镇几英里范围内都可以看见，高耸的尖顶主宰着小镇山脊上的市中心地区，俨然成为这里的地标（图 4-20）。

图 4-20　西姆拉基督教堂

教堂塔楼上的时钟是由邓布尔顿（Dumbleton）上校于 1860 年捐赠的。教堂东侧有五个彩色玻璃装饰窗，分别代表着信念、希望、仁爱、坚毅和谦卑这几种基督徒的美德。教堂主入口处的门廊加建于 1873 年。

第二节　行政办公建筑

1.孟买市政大楼

孟买市政当局为庆祝其地位的提升，在 1888 年维多利亚火车站完工不久之后就开始着手准备建造一处新办公大楼（Bombay Municipal Corporation Building）。该项目的设计过程很好地反映出当时孟买建筑风格的演变。之前的 20 多年，这个城市的开拓者们都认为哥特复兴式建筑是印度最卓越的建筑风格，而且还认为这种风格有助于使孟买在整个印度次大陆保持独树一帜。尽管在孟买新古典主义

---

1 印度密拉特圣约翰教堂始建于 1819 年，1821 年建成，是北印度最古老的教堂。这座教堂创始人是英国的军队牧师亨利·菲舍尔，目前属于北印度教会阿格拉教区。

这一建筑风格没有流行开来，但哥特风格受到了来自另一种建筑风格的激烈挑战，那就是印度—撒拉逊风格。

建筑师史蒂文斯（Stevens）意识所遇到的困境，他分析了当时的建筑大环境，决定在他所钦佩的哥特式风格设计中融合进印度教及莫卧儿时期的元素。融合是一个渐进的过程，并最终证明这是一个成功的尝试，它奠定了史蒂文斯在建筑圈内的主导地位。

这个项目最初的方案设计可以追溯至 1883 年在伦敦进行的一场设计竞赛，建筑师奇泽姆（Chisholm）凭借其印度—撒拉逊风格的建筑设计方案夺得头名，其作品正好采用"V"字形的总体布局也被当局采纳。在接下来的几年里，项目开工的计划被提上日程，然而没过多久因市政府认为奇泽姆低估了建设成本被下令叫停。为使该建筑与当局要求的重要性相匹配，奇泽姆请求重新做一个造价较之前更为昂贵的设计，且方案仍保持了印度—撒拉逊风格，他坚信这个方案会成为他事业的转折点，建筑风格积极性的改变会对整座城市的面貌产生重要影响。只可惜，他的这种想法被当局拒绝了，最终奇泽姆的设计作品仅在金奈及巴罗达（Vadodara）等地区获得实现取得了成功。

1888 年史蒂文斯创建了自己的公司，投身孟买市政大楼的投标事务中来。史蒂文斯的到来立刻使得奇泽姆处于劣势。一则史蒂文斯与时任孟买市政公司行政建筑工程师亚当斯（Adams）是挚友，两人还曾一起共事过；二则史蒂文斯与孟买市政公司总裁格拉顿·吉里（Grattan Geary）关系也不错，吉里位于罗纳瓦拉（Lonavala）的私人住所就是史蒂文斯设计的。这场哥特与印度—撒拉逊的风格之争最终以哥特风格占据上风而告终。

在决定投标前，史蒂文斯对欧洲的新市政厅做了仔细的研究，并受益匪浅。最终他的方案很好地适应了基地复杂的条件，建筑采光通风良好，各种交通流线通畅且互不干扰。他形容这座建筑的风格为："带有东方情结的哥特风格，用它自由的处理方式，成为最适合这个项目的建筑风格。"史蒂文斯的方案或多或少地受到了奇泽姆的影响，这很可能是因为项目"V"形的基地形状减少了建筑师的选择性。凭借他对当地文化背景和市政当局偏好的了解，史蒂文斯找到广受大众接受的风格与新进风格的平衡点，采取了中立的混合风格。最终他的设计广受好评，并一举中标（图 4-21）。

史蒂文斯设计的这栋建筑采用了当时最新的技术。大楼设计全面采用电气化，

要知道，直至 20 年后电力系统才被引入
这个城市的大部分地区。大楼的楼板采
用混凝土板，使得大楼结构有了一定的
防火性能。建筑在屋顶设置了内舱体积
为 40 000 加仑（约 182 000 升）的水箱，
在提供了水压升降机动力的同时还可用
于应急情况下的救火用途。最终的方案
将这块不规则用地的特性发挥到了极致，
建筑拐角处被设计成为主立面，最顶端
为一个雄伟的穹顶，直面广场，十分壮观。
位于克鲁克香克（Cruikshank）街和霍恩
比（Hornby）街的两翼裙房增加了大楼
整体性与平衡感，中间则自然构成了一
个"V"形的内庭院（图 4-22）。为了
确保大楼跟近邻维多利亚火车站比较起来
不至于黯然失色，史蒂文斯将大楼的高度
设计得比维多利亚火车站高出 20 英尺（6.1
米）。多叶窗、尖拱门及做功精美的雕刻
共同构成了整个立面，与对面的维多利亚
火车站遥相呼应，相得益彰，虽然维多利
亚火车站尖塔式外球状的穹顶看上去要更
美观。从大楼前面的广场来看，细节丰富
的建筑主立面构图很合乎人的尺度，尤其
顶部的穹顶更是增加了建筑的地域特点
及人情味。

图 4-21　孟买市政大楼

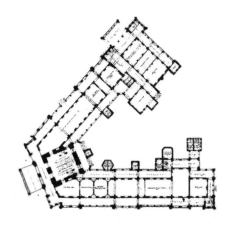

图 4-22　孟买市政大楼一层平面

　　大楼"V"形的尖角处就是建筑主入口位置，穿过门廊可以直接来到中央大
厅。通高的大厅内部装饰十分奢华，空间感十足，大厅与四周的走道共同构成了
整个中庭，顶部由一个 95 英尺（29 米）高的内穹顶覆盖，这个内穹顶只能从室内
才可以看到。内穹顶的上面为顶端高度达 235 英尺（71.9 米）的外穹顶（图 4-23）。
宽敞的大理石主楼梯朝向主入口，将人流直接引上二楼，并连接着通往电梯及通往

图 4-23　孟买市政大楼入口中庭剖面

内部办公室的通道。大楼于 20 世纪 50 年代至 60 年代初有过局部扩建，但大部分的办公室至今仍保持着当初建成时的功能，整座建筑仍然是孟买市民最为自豪的建筑物之一。

2. 孟巴及印中铁路局

BB&CI Offices 是 Bombay，Barodo & Central Indian Railway Offices 的缩写，意为孟买、巴罗达及印度中部地区铁路局办公大楼（简称 BB&CI 铁路局，即现在的印度西部铁路局），总部设于孟买（图 4-24）。项目规划用地与教堂之门火车站（Church Gate Station）仅一路之隔，地理条件十分优越，并且当时 BB&CI 铁路局对外部建筑形象及内部办公空间的要求与日俱增，这些都使得该项目的建筑设计任务变得十分复杂。凭借着在维多利亚火车站项目中

图 4-24　BB&CI 铁路局早期手绘图

的出色表现，史蒂文斯一跃成为孟买最受欢迎的建筑师，这也使得他在 BB&CI 铁路局总部项目中毫无对手。加之 1892 年他的大儿子查尔斯·F. 史蒂文斯（Charles F.Stevens）及坎德绕（Rao Sahib Siteram Khanderao）也加入自己的公司并参与到这个项目的设计中来，最终使得该项目于 1899 顺利完成。

　　建筑东西两侧居中位置为两个带有门廊的主出入口，人行出入口布置在建筑南北两翼。楼高三层，主体采用玄武岩建造，穹顶、檐口、圆柱及装饰线脚等部位则利用白色博尔本德尔石（Porbandar Stone）修建。建筑的雕塑没有维多利亚火车站或孟买市政大楼的那么精致与复杂，但装饰木制品、铁艺以及家具设计却达到了一个非常高的标准。建筑平面为稍不规则的"王"字形，平面的几何中心为一个巨大的穹顶，在穹顶的最顶端被安放了一个风向标（图 4-25）。外立面庄重典雅，左右对称，每个立面的中部均为一片三角尖顶山墙，顶端则为雕刻大师穆林斯（E. Roscoe Mullins）雕刻的山花，十分精美（图 4-26）。其中南立面的山墙雕刻描述的是工程艺术，雕刻为一个女性雕像，她左手持齿轮，右手紧握一组列车，形态非常优美。

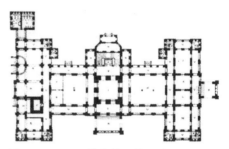

图 4-25　BB&CI 铁路局一层平面

　　室内回廊式的布局形式使得水平流线十分便捷。主楼梯及电梯设置在大厅东侧，其他辅助楼梯则被布置在了走廊的尽头、四周塔楼的角部，这样可以将不同人流区分开来，保证了大楼的有序运行且提高工作效率。这样一来，没有主楼梯的中央大厅空间方整通透，没有了上下人流的交叉嘈杂，让人印象深刻，这种一反常态的设计手法反而取得了意想不到的效果。大厅四周的墙体上升至 30.5 米的高度，然后演变成八角形继续上升，经过一次收身后直接与圆形的穹顶相接。这种壮观的穹顶大厅是通过将主楼梯置于其背后的做法来保证自己的

图 4-26　BB&CI 铁路局立面细部

纯粹性的，史蒂文斯将中央大厅作为建筑物最首要的社交场所，这是他非常具有代表性的创新设计手法。为节约室内空间，经过进一步的平面细化设计，史蒂文斯将电梯安放在楼梯井中间，让楼梯梯段围绕在电梯井周围。无疑这是非常成功的，至今我们仍可以看见许多建筑物有类似的做法。还有很多节约空间的手法：如将储水罐布置在穹顶的塔楼内部，并可间接提供电梯的液压动力；将穹顶造型创造的额外两层空间作为档案室等等。

整栋建筑虽然在外观构图严谨，布局对称，但在内部其实有很多变化，这主要是为了适应铁路局下属各职能部门的不同需求。从外立面来看，整体的复杂性及空间的扭曲感使得建筑呈现出印度—撒拉逊风格，但其实建筑混合了非常多的哥特元素，如众多的竖向长条形拱窗、尖顶等等。屋顶上的穹顶层层叠加，纯白的颜色使得这种"洋葱头"更为突出，从而使人觉得建筑整体有一点点印度风。史蒂文斯在风格上的"混合"做法使得该项目获得了成功，也使他自己蜚声印度次大陆。

3. 加尔各答邮政总局

加尔各答邮政总局（General Post Office of Calcutta）位于 B.B.D. 贝格（B.B.D. Bagh）西侧的考埃莱盖特（Koilaghat）街旁，和周围建筑一样，占地 9 578 平方米的邮政总局原址为老威廉堡的一部分。老威廉堡的基础残骸拆除工作主要集中在 19 世纪 60 年代初，据说当时由于基础采用了特殊的胶合剂（麻与糖蜜混合物），使得拆除过程变得非常困难，最后不得不炸掉。

沃尔特·格兰维尔（Walter Granville）被殖民时期当局聘为专门负责首都主要公共建筑的建筑师，他于 1863 年开始了邮政总局的设计工作。建筑承建商为加尔各答著名建筑企业麦金托什·伯恩公司，1864 年开工，耗时 4 年于 1868 年完成，总共耗资 650 000 卢比。

建筑为新古典主义风格，门前宽阔的大理石台阶大气且富有张力，大大提升了整条街道的艺术档次。主入口设在街道交叉口处，拐角处弧形的八柱式门廊与东侧及南侧巨大的科林斯柱门廊相连接，气势非凡。柱廊檐部设有代表"三相神"[1]的时钟，略外挑以便从街道上更方便地看到时间。建筑外部的角上有四个凸出的体块，功能为楼梯间，后来的印度博物馆也采用了类似的做法。

---

1 在梵文中原意为"有三种形式"，是印度教里的一个概念，指将宇宙的创造、维持和毁灭的功能分别人性化为创造者梵天、维护者或保护者毗湿奴，以及毁灭者或转化者湿婆。这三位神灵被认为是"印度教的三合一（The Hindu Triad）"或"伟大的三位一体"，或称为"梵天—毗湿奴—湿婆"。

　　建筑墙裙为银色烤漆，辅以陶土装饰，使得体型庞大的建筑有一种较轻盈的感觉。白色的墙身结合沿街排列的柱列，韵律十足且尺度宜人。建筑在街道转弯处的立面经过重点设计，正对街道的巨大穹顶高约 68 米，最顶端有一个类似莲花的尖顶。高高耸立的穹顶使得该建筑成为加尔各答市中心的地标（图 4-27）。这座大楼肩负着在孟加拉变幻莫测的天气里保护着来往邮件的重任，银粉漆让穹顶给人一种锋芒毕露的金属感，仿佛是铸铁建造的房子。

　　爬上台阶，穿过主入口的弧形柱廊便直接来到了建筑的圆形大厅，这里提供邮票售票、取件及查询等业务。像印度其他大多数公共场所一样，大厅内挤满了想要办事的人，而不同的是，大厅内洒满了从顶部穹顶基座一圈拱窗进入的柔和的光线，营造出一种崇高且神秘的氛围。从东门穿过门廊进入建筑，宽阔的主楼梯会将人们引上二楼，这里提供的是发件及其他邮件业务。

　　后来，邮政总局周围连续建造了一些雄伟的建筑，如电话电报大楼、汇丰银行及加尔各答公共事务处等等，这座建筑仍然牢牢地占据着 B.B.D. 贝格（加尔各答市中心地区）的主导地位。从豪拉河的渡轮上沿着并不宽阔的考埃莱盖特街看尽头的邮政总局，有着在泰晤士河上看伦敦圣保罗大教堂一样的特殊意义。

图 4-27　加尔各答邮政总局

4. 加尔各答高等法院

加尔各答高等法院（High Count of Calcutta）于 1864 年 10 月 5 日奠基，于 1872 年竣工，总共耗时 8 年。高等法院周围的建筑风格迥异，有新秘书处的近代风格也有国家银行的爱德华风格，有佛塔的传统风格还有市政厅的新古典主义风格等等。而这座耳目一新的建筑在那场肆虐英格兰乃至整个大英帝国的风格之战中采取了折中的态度，建筑师沃尔特·格兰维尔最终采用了哥特复兴风格。建筑的灵感来自于比利时伊普尔（Ypres）的著名建筑纺织会馆（Cloth Hall），基本形制是采用横向长条形的临街骑楼作为基座，中间适当位置设置竖向高耸的塔楼（图 4-28）。法兰德斯[1] 的哥特风格的发展主要偏向世俗性质，而不是教会性质，所以尽管和加尔各答当时的建筑风格不怎么协调，但也能够为大众所接受。哥特式尖拱这种建筑形式就如同早期的伊斯兰风格或者莫卧儿风格一样，由外来统治者带入印度，落地生根，并慢慢地发展壮大。

图 4-28　加尔各答高等法院正立面

---

1 法兰德斯（Flanders），中世纪欧洲一伯爵领地，包括现比利时的东佛兰德省和西佛兰德省以及法国北部部分地区。

司法机关的重要性和权威性在加尔各答历史上是非常明显的，尤其是在18世纪后。建成之后的加尔各答高等法院更是如此。殖民时期建筑专家菲利普·戴维斯（Philip Davies）称高等法院的立面来源于汉堡市政厅，有趣的是，1854年设计汉堡市政厅的建筑师即是设计了孟买大学图书馆的建筑师斯科特（George Gilbert Scott）。如今，加尔各答高等法院立面上独一无二的纹理及颜色仅仅在印度才可以看到，哪怕是在加尔各答，也只有为数不多的哥特式建筑上才有体现。

走近建筑，你会发现整座建筑与周围的环境是如此融洽，它反映的是中世纪欧洲文明的舒适感，或许这也是众多英国陪审法官们的帝国主义自豪感的由来。建筑立面以红色为主，局部线脚及塔楼顶端为浅黄色，尖拱窗成组横向排列，形成连续的水平基座，与中间高耸的尖塔楼形成的纵向尺度感形成鲜明的对比。基座底部横向连续的拱门如同舞台的幕布，具有呈现特异声波的功能，时刻准备着宣告真正意义上的盛大的法律条款。

主楼梯带有欧洲中世纪的色调，室内有一个关押审讯犯人的小型监狱。八个法庭中有七个位于一楼，沿南侧一字排开。法庭室内净空较高，为应对这里又闷又热的环境，屋顶上整齐地安装了许多吊扇。员工宿舍位于建筑的东南侧阁楼内，屋顶设有可以通风换气的天窗。这是一种常用的办法，在印度全职员工都需要安排住处，而用地紧张的市区，屋顶阁楼成为不二的选择。具有讽刺意味的是，高等法院中简单的员工宿舍享受到的却是加尔各答最好的城市景观。

造型复杂的塔楼顶部并没有设置时钟，也没有彩色玻璃，有的仅仅是一面镶板。每个面的镶板中心是一个大型的圆形浮雕，穿孔而像一个车轮，一个象征着印度必然独立的法轮。主入口上方有一个象征着欧洲大教堂的玫瑰窗，窗上位于塔楼中部设有一个巨大的三叶形四瓣组合花窗，外形就如同法官的奖

图 4-29　加尔各答高等法院立面细部

章，装饰得独具匠心，非常精美。花窗好比独眼龙的眼睛，监视着窗下每一个进入法院的人（图 4-29）。20 世纪初增建的附楼位于老楼北侧，两者之间有行人天桥相连。

从远处望去，高等法院整齐的立面就像一个巨大的栅栏，一个城市文明守护者，静静地、公正而又高尚地站在那里。毫无疑问，建筑师沃尔特·格兰维尔早就料到帝国首都建筑风格之战的现实与残酷性，他采用哥特复兴就是想为印度其他城市竖立一个先例，告诉他们哥特复兴才是最适合的。庆幸的是哥特复兴风格在印度半岛西岸港口城市孟买开始慢慢生长。

5. 加尔各答作家大厦

作家大厦（The Writers' Building of Calcutta）正式名称为西孟加拉邦秘书处，实为印度西孟加拉邦的政府大楼，位于该邦首府加尔各答。它起初是作为英国东印度公司文职人员的办公室，因此得名。

建筑位于圣安德鲁教堂西侧，与之隔路相望，距离邮政支局也不远，设计师是托马斯·里昂。建筑于 1777 年设计，采用新文艺复兴式样，有一个给人深刻印象的科林斯柱式正立面（图 4-30）。主入口的顶部雕刻着大不列颠雕像，雄伟的三角形山墙上雕刻着米纳瓦 [1]（Minerva）雕像，和帕拉第奥拱门一起，构成了十分严格的新古典主义风格。门廊旁还有一些其他的雕像，其中比较著名的为希

图 4-30　作家大厦

---

1 女子名，来源于拉丁语，意为"智慧、技术和发明之女神"。

图 4-31 作家大厦立面上的装饰雕像

图 4-32 沿莱尔·蒂基湖看作家大厦

腊众神宙斯、赫耳墨斯、雅典娜以及得墨忒耳四座雕像，他们分别代表了正义、商业、科学和农业（图 4-31）。对称式布局，中央门廊、三角形山花以及立面上暴露的红砖表面等等使得建筑有着典型的希腊罗马的建筑外观。

150 米长的建筑占据了市中心 B.B.D. 贝格区域莱尔·蒂基(Lal Dighi)湖的整个北岸，目前大厦内设有西孟加拉邦政府的各种部门（图 4-32）。这是一幢具有重大政治意义的建筑物，印度独立运动的纪念碑。这栋楼控制着整个加尔各答，很少有人了解它，因为这里是西孟加拉州政府的中心，拥有特殊的历史背景。它对加尔各答了如指掌，甚至包括那些连高等法院都不能泄露的尘封记录及老大哥德里都未发觉的秘密。建筑的室内空间非常具有特色，管理层办公室装修得非常舒适且精致。

1821 年建筑的一层及二层增加了一个 128 英尺（约 39 米）长的挑廊，横向排列的一系列爱奥尼柱每个 32 英尺（约 9.8 米）高，非常壮观。1889—1906 年加建了附楼，两者之间用钢楼梯连接，一直到最近还在使用当中。

如果诗人米尔扎·加利卜（Mirza Ghalib）说加尔各答有七种建筑语言的话，那么作家大厦肯定就是其中的一种，在一摊杰出而又复杂的政治系统背后将官僚的人性体现得淋漓尽致。和五角大楼比，作家大厦缺少了系统及机密性，但这里更注重自身的政治责任感，更强调自身的神圣使命。作为一座单一的建筑，作家大厦可能超过印度其他同类建筑中的任何一座，包括新德里的建筑在内。

6. 马德拉斯高等法院

1862 年 6 月根据维多利亚女王的授权书，当局在英殖民时期印度三大管区马德拉斯、孟买及加尔各答设立高等法院。在这之前，英国议会已颁布了 1861 年印度《高等法院法》法案。如今，这三座高等法院仍然屹立在城市街头，服务着整个城市的市民。马德拉斯高等法院（High Count of Madras）的管辖范围甚至包括泰米尔纳德邦和本地治里地区。

1857 年叛乱失败后，印度次大陆迎来了英治下的暂时性和平，要塞前的平坦空地变得不再那么重要，取而代之的是一座代表正义的高等法院。建筑于 1892 年建成，由建筑师亨利·欧文（Henry Irwin）及布拉辛顿（J. N. Brassington）设计，为印度—撒拉逊风格建筑的最佳范例。法院位于马德拉斯市商业区附近，毗邻海滩。1914 年 9 月 22 日在第一次世界大战的初期，法院大楼在德军军官埃姆登（S. M. S. Emden）领导的军队的炮轰下有所损毁，这是印度为数不多的在德军攻占战役中损坏的建筑之一。

法院与商业区之间由普拉卡萨姆（Prakasam）大街和拉亚吉（Rajaji）大街两条道路隔开。建筑群立面为砖红色，整体颇具特色。伊斯兰式的拱门，"洋葱头"式的穹顶等等建筑元素使得大楼到处充满着莫卧儿时期的建筑感觉（图 4-33）。

图 4-33　马德拉斯高等法院

室内彩绘天花板和彩色玻璃门非常精致，走在其间让人流连忘返。法院内设有一座灯塔，这座灯塔作为马德拉斯第三灯塔被使用了近一个世纪。不幸的是灯塔由于管理不善，年久失修。最近，基地内新建了一些建筑物，建筑师和工程师们试图将这组建筑群整合起来，以满足现在的使用功能。

马德拉斯高等法院是印度最早举办法律报告的地方，这里还是《马德拉斯法律》杂志的发行总部，其第一期可以追溯到1891年。如今，这本杂志的影响力及权威性在印度仍占有重要位置。

7. 新德里总统府

19世纪初，大英帝国决定将其帝国首都转移到德里，并邀请英国建筑师埃德温·鲁琴斯（Edwin Lutyens）进行整个城市的规划设计（图4-34）。鲁琴斯的工作从1911年开始，一直持续到1931年。19年后勒·柯布西耶开始了昌迪加尔的城市规划并大获成功，以至于一段时间鲁琴斯的伟绩慢慢地淡出人们的视线。后来随着现代主义的渐渐衰落，人们开始重新发掘鲁琴斯作品的价值。直到现在，这里仍是主修建筑学的学生们研究的重点。

新德里总统府（Rashtrapati Bhavan）是一座气势雄宏的宫殿式建筑，于1912年开工，1929年建成（图4-35）。建筑原被称为总督府（Viceroy's House），独立之后才被称为总统府。整座总统府融合了莫卧儿王朝和西方的建筑风格。建筑为4层，共有340间房间，总建筑面积近19 000平方米。建筑用近7亿块砖头和85 000立方米的石材建成，而钢材的用量则很少。该项目的首席工程师为马利克先生（Teja Singh Malik）。

建筑平面为不规则的矩

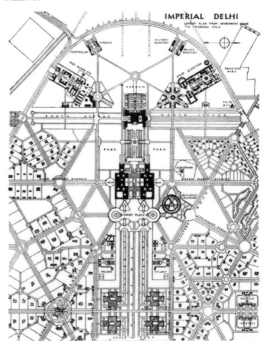

图4-34　新德里主轴线规划

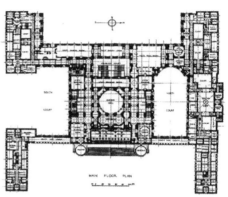

图 4-35 新德里总统府 图 4-36 总统府一层平面

形，主建筑两翼均有附属建筑（图 4-36）。一翼供总督和服务人员使用，另一翼供来访宾客使用。总督使用的一端为四层，并有自己的内庭院。主建筑的中心、位于穹顶正下方的即为非常壮观的觐见大厅，这个大厅在英殖民时期是总督府的正殿。觐见厅上方 33 米的高度上设有一个 2 吨重的巨型吊灯。大厅四角的房间分别为两个国家会客厅、一个国家晚宴厅及一个国家图书馆。西侧还设有一个大型的宴会厅。建筑室内也融入了水景元素，如靠近总督府邸一侧的楼梯旁立有八尊石狮雕像，水从狮嘴里溢出，最终流进六个石盆池。

古典主义的总统府的建筑设计包含了众多印度本土的建筑元素（图 4-37）。例如考虑到水景是印度建筑的重要组成部分，设计师在建筑顶部设有几个圆形的石盆池；建筑的门楣处设有横向的通长"楚亚"（Chujja），这种扁平的薄板外挑达 2.4 米，夏季可以用来遮阳，雨季可以用来挡雨；主立面屋顶女儿墙上设有几个"楚特瑞斯"（Chuttris），这个类似于德里红堡屋顶瞭望台的设计有助于打破屋顶乏味的横向线条，增加建筑的层次感。挡墙前方设有大象雕塑及眼镜蛇喷

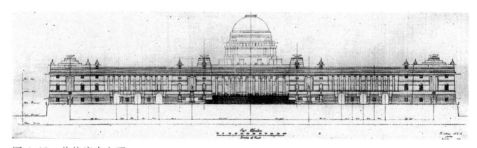

图 4-37 总统府东立面

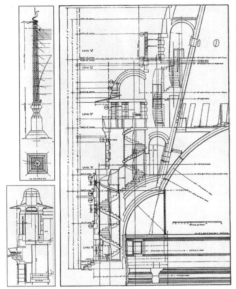

图 4-38 总统府细部大样

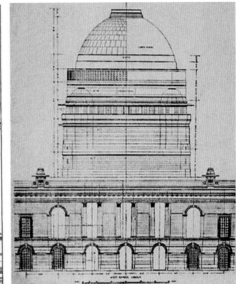

图 4-39 总统府穹顶西立面

泉雕刻品，十分精美。建筑斋浦尔柱基上有英国雕塑家查尔斯·萨金特·贾格尔
（Charles Sargeant Jagger）制作的浮雕作品，柱头上雕刻着皇冠，上有玻璃星从青
铜莲花涌出的画面（4-38）。

当然，这座融合了欧洲及印度建筑文化的建筑也有一些小瑕疵，比如中央穹
顶上突出的佛塔式造型风格就被设计得过于欧式（图 4-39）。建筑被称为"贾力
斯"（Jalis）的格栅用红砂岩制成，灵感来源于拉贾斯坦风格建筑。建筑主立面
上设有十二根不等间距的"德里式"柱子，柱头为印度铃铛形垂饰与叶片的融合，
这个想法是从卡纳塔克邦木达比德瑞（Moodabidri）一处耆那教寺庙得到的启发。
而鲁琴斯说，总统府穹顶的灵感则来自于罗马的万神殿，同时也有桑吉大塔的部
分影响（图 4-40）。鲁琴斯还在德里成立了工作室并聘请当地的工匠参与项目的
建设。

"莫卧儿花园"位于总统府的西侧，非常著名，其莫卧儿式的风格令世界各
地的众多学者慕名前来。东西向及南北向的四条水渠将主花园划分成为正方形的
网格状。在水渠相交处设有莲花形喷泉。花园融合了莫卧儿和英国的景观风格，
并种植了数量繁多的各种花卉。花园每年的 2 月份向公众开放。

总统府正门有一条宽阔而笔直的"国家大道"，直通新德里印度门，气势恢宏。

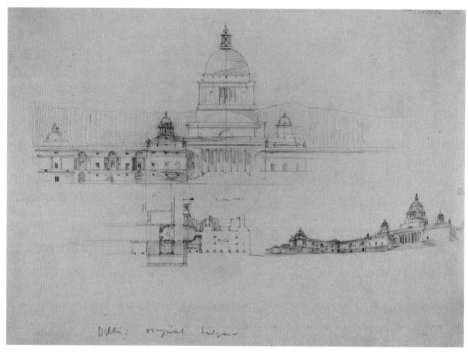

图 4-40　总统府草图（鲁琴斯）

8. 新德里秘书处大楼

新德里秘书处大楼（Secretariats）"国会山"（Raisina Hill），是总统府正门前的一组"双胞胎"建筑，由鲁琴斯的建筑师好友贝克（Baker）设计。秘书处

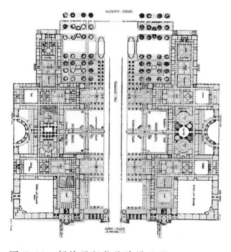

大楼分为两组对称的建筑群，中间隔主权大道南北呼应。南区设有总理办公室、国防部和对外事务部等部门，北区则主要包括财政部和内政部等部门（图4-41）。秘书处大楼的灵感来源于由克里斯托弗·雷恩（Christopher Wren）设计的格林威治的皇家海军学院。

随着建筑规划设计工作的进展，鲁琴斯和贝克之间的矛盾不断激化。贝克在总统府门前设计的小山坡违背了鲁琴斯的规划意图，而这严重影响了从印

图 4-41　新德里秘书处首层平面

度门沿主权大道方向看过来的观感。为了避免这种情况，鲁琴斯希望秘书处的建筑高度要低于总统府，而贝克则希望它们具有相同的高度。最终贝克的设计得到了当局的许可，所以现在从印度门朝总统府远远看去，可见的只剩总统府中央的穹顶。

　　印度将首都迁至德里之后，1912 年在德里北部地区新建了一座秘书处大楼。当局的大部分政府部门都从老德里的老秘书处搬到了这里。许多公务员随着各机关从印度遥远的地方一起搬了过来，其中包括了孟加拉和马德拉斯两大管区。老秘书处大楼现在由德里立法议会使用。附近的国会大厦的始建时间要晚很多，因此没有被建在主权（Rajpath）大道的轴上。国会大厦于 1921 年开工，1927 年落成，同样由著名建筑师贝克设计。

　　秘书处大楼共四层，每层设有约 1 000 间办公室。巨大的内庭院为日后建筑扩展预留了足够空间。和总统府一样，秘书处大楼也用来自拉贾斯坦邦托尔布尔的红砂岩建造。建筑两侧设有两翼附属建筑，端部以柱廊收头（图 4-42）。每层之间设有宽阔的楼梯。横向的建筑女儿墙被一个高耸的穹顶打破，穹顶为八边形鼓座（图 4-43）。大楼正门前面有四个记功柱，分别由加拿大、澳大利亚、新西兰和南非捐赠。古典式的建筑吸收了来自印度的建筑元素。镂空屏风（Jali）的采用，使得建筑免受印度夏季灼人的阳光和雨季的狂风暴雨侵扰。建筑的另一个特点是采用了被称为查特里（Chatri）的本土元素。这个独特的印度圆顶状结构，在远古时代被用来在印度热辣的太阳下为过往的旅客提供遮阴处。

图 4-42　新德里秘书处

图 4-43　新德里秘书处穹顶细部　　　　图 4-44　比勒陀利亚联邦议会大厦

　　在来印度之前，贝克从 1892—1912 年期间一直在南非工作。他在那里设计了众多优秀的建筑，其中位于南非首都比勒陀利亚（Pretoria）的联邦议会大厦（Union Buildings）最为突出（图 4-44）。联邦议会大厦是南非的政府办公大楼，建筑于 1908 年设计，1910 年开始建造，并在 1913 年完工。和秘书处大楼一样，联邦议会大厦也位于当地的一座低矮的小山顶上（这里被称为"Meintjieskop"）。两者之间在建筑造型上也有许多相似之处，如建筑平面布局上都设有两翼造型，端部都以柱廊收尾，都有一座非常相像的穹顶。不同之处在于联邦议会大厦两翼之间由半圆形柱廊相连接，而秘书处大楼南北两个区块各自独立，被中间的主权大道完全分隔开。另外，两者之间的配色也不同，联邦议会大厦的屋面为坡屋面，且为深红瓦，墙身为砂岩立面；秘书处大楼一层为深红砂岩基座，其余部分用砂岩建造，这与前者正好相反。

9.西姆拉总督府

　　西姆拉（Shimla）位于印度北部喜马拉雅山山区，是印度喜马偕尔邦的首府。西姆拉有辉煌的过去。在英国殖民时期，这里成为著名的避暑胜地。1822 年，苏格兰公务员查尔斯·肯尼迪建造了西姆拉的第一个英国避暑房屋。19 世纪后半叶，该市成为英属印度的夏都。每年中有大约半年时间，英国军人、商人和公务员纷纷搬到这里，因为这里海拔高，天气宜人，很少出现印度低海拔地区的酷热和疾病。现在这里夏季宜人的气候和冬季唯美的雪景对旅游者来说仍非常具有吸引力。在

图 4-45　西姆拉总督府

1914年召开的西姆拉会议上，英国与西藏地方政府划定了非法的麦克马洪边界线，并没有得到民国政府的批准。1972年巴基斯坦与印度在此处签订了《西姆拉协定》，停止了第三次印巴战争。

西姆拉总督府（Shimla Viceregal Lodge）位于西姆拉天文台山上，前身为英国总督的官邸（图4-45）。建筑由工务处的英国建筑师亨利·欧文设计，1880年开工建设，1888年完工，首位使用者为总督达弗林（Dufferin）勋爵。总督府在设计之初就考虑了电气化与消防系统。当时将镶蜡水管（Wax-tipped Water Ducts）作为消防管道可谓非常先进的建筑技术。建筑内展出大量的文章和照片，大都可以追溯到英国在印度的统治时期。建筑现被称为 Rashtrapati Niwas，1964年后这里变身为西姆拉的高级研究所（IIAS），该机构在印度文化、宗教、社会科学和自然科学等众多领域有着较为深入的学术研究。

第三节　交通运输建筑

1.孟买维多利亚火车站

维多利亚火车站（Victoria Terminus）是为纪念维多利亚女皇即位50周年而

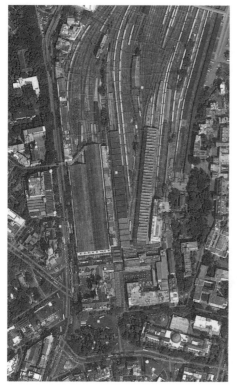

图 4-46　维多利亚火车站及周边

得名的，建筑由来自英国本土的著名建筑设计师弗雷德里克·威廉姆·史蒂文斯（Frederick William Stevens）设计，是印度孟买一个历史非常悠久的铁路终点站，这里还是中央铁路公司的总部（图 4-46）。该车站从建成至今一直是印度最繁忙的火车站。它是一座宏伟的哥特式建筑，整个外立面上布满了众多精美的石雕，造型上融合了印度莫卧儿建筑的传统风格。1996 年 3 月该车站的官方名称改为贾特拉帕蒂·希瓦吉终点站（Chhatrapati Shivaji Terminus），简称 CST，2004 年 7 月这里被列入《世界文化遗产名录》。

早期参与众多项目使得建筑师史蒂文斯可以不断完善自己的建筑理念，最终，这些积累的经验使得史蒂文斯成为维多利亚火车站的设计者，而这座建筑被称为当时在欧洲影响下印度帝国兴建的最大、最重要的建筑之一（图 4-47）。对于很多人而言，独具特色的维多利亚火车站已经成为孟买的标志及视觉符号。这座融合了东西方建筑文化的火车站建筑是史蒂文斯众多建筑作品中最具有重要意义的。1878 年，在接受维多利亚火车站设计

图 4-47　维多利亚火车站沿街立面

竞标之前，史蒂文斯利用为期 10 个月的休假回到欧洲，研究同时期欧洲重要的铁路总站。G.G. 斯科特设计的伦敦圣潘克拉斯站（St. Pancras Station，1868—1874）不久前刚刚落成，而这座建筑成为史蒂文斯一个重要的设计灵感来源。

维多利亚火车站建设周期 10 年，这足以说明这座伟大建筑的工程量是多么巨大。当建筑在 1888 年完工时，项目总开支达到约 260 000 英镑，其建筑高度也是孟买整座城市里最高的。建筑区位十分优越，大楼主立面朝西，前方即为孟买市中心，背后为繁忙的海港及码头，附近为克劳福德批发市场和几个居住区，俨然成为孟买人民商业、公务、教育和司法等各类型生活的中枢转换站。最初这座火车总站专门用来停靠那些往来孟买及印度次大陆内部地区的长途列车，现如今，车站仍服务着每天 2.5 万人次的乘客。尽管存在这种转变，维多利亚火车站仍然是孟买所有公民自豪感的象征，并鲜明地呈现出当年占孟买命运主导地位的铁路工业的发展历史。

建筑平面呈"凹"字形，东西形式对称，为典型的维多利亚哥特式风格，并且融合了印度本土建筑文化，如天际线、塔楼、尖拱门以及不规则的平面设计等等，这些细节使得该建筑已接近传统的印度宫廷建筑（图 4-48）。该车站无论是在铁路工程设计方面还是民用工程设计方面都采用了非常高标准的工程技术。这是印度史上第一个被认为是将工业革命的技术与哥特式复兴风格成功融合的案例。月

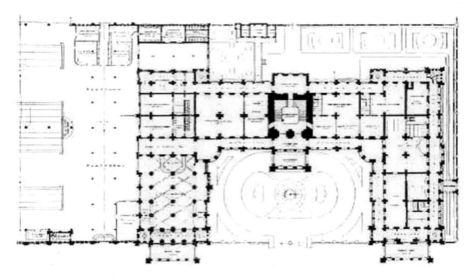

图 4-48　维多利亚火车站一层平面

图 4-49　维多利亚火车站穹顶细部

图 4-50　维多利亚火车站大门处的狮子雕塑

台长约 330 英尺（约 100.6 米），车棚从建筑向外延伸出 1 200 英尺（约 365.8 米），这种形式的布置方式决定了建筑群体的基本形状。中央穹顶基座为八边形肋骨结构，穹顶上伫立着维多利亚女王的雕塑，高约 4.3 米。她右手高高举过头顶，手持熊熊燃烧的铜鎏金火炬，左手则手握翼轮，轻轻放在身体侧边（图 4-49）。"凹"字形的两翼与主楼围合形成一个景观院落，这里即是火车站办公主入口。两翼建筑有直接开向城市道路的辅助入口，在其顶部的四角设有巨大的炮塔用来平衡建筑中央的穹顶。立面上连续的拱门及尖窗使得建筑外观非常匀称和协调。主入口大门两侧放置了两种不同的猫科动物，一个为代表英国的狮子，另一个为象征着印度的老虎（图 4-50）。主立面上排列着各种雕塑，较大的有描绘创始人、董事及其他铁路历史发展过程中的重要人物头像，以及参与印度铁路发展建设工程的工程师肖像等，较小的有雕工十分精细的孔雀、白鹭、荷花、猴子及其他各式各样的纹章图案。

　　整个建筑光线充足，通风良好，办公室及月台区都设有遮阳措施以抵挡炎炎夏日的阳光。这栋石砌大楼的内部结构在建筑上主要表现为大量朴实无华的承重支柱塔、拱门及墙墩。售票大厅内一系列壮观的裸露着的支撑系统是这种传统而造价不菲的建筑技术最好的诠释。大厅的内部装饰非常考究，十分精美。地板为无釉彩砖排列形成的几何及叶片图案。带有拱棱的天花非常华丽，原本被漆成蓝色及金色，局部为红色，夹杂着金色的星星（图 4-51）。墙壁上镶有琉璃瓷砖，全部由英国莫氏公司（Maw & Co.）制作，护壁板顶木条则以巧克力色为底色，上漆红色和浅黄色的叶片，墙裙上方的墙壁内衬白色博尔本德尔石。窗口的装饰物为带有各种设计形式的彩色玻璃板，这种材料呈现出十分柔和的色彩，可以有

效抵挡印度炎热时节刺眼的光线，为整
个大厅提供一个温和而又平静的氛围。
柜台处有黄铜制作的栏杆，部分为被漆
成各种颜色的本地木制构件，其中大多
由东印度艺术制造公司（East India Art
Manufacturing Co.）负责制作。一楼大
厅及走廊的那些为内部员工使用的栏杆
则为成品铁艺装饰栏杆，扶手材料为法
国抛光柚木，栏杆被漆成巧克力棕色、
大红色及金黄色。根据史蒂文斯的建议，
售票大厅的铭牌被刻在原址内的一块白
色的塞奥尼（Seoni）砂岩石上。红色
及灰色意大利大理石柱群增添了装饰效
果，其他颜色的大理石则被用在了走廊
的细节处理上。这是来自于项目大理石

图 4-51　维多利亚火车站售票大厅顶棚

承包商吉贝罗（Gibello）的想法，这样做的目的是为了塑造一个拥有雕塑细部及
众多材料的多色空间。雕塑的设计则由雕刻大师戈麦斯（Gomez）、JJ 艺术学院
院长约翰·格里菲斯（John Griffiths）及他的学生们创作。在欧洲文化的影响下，
印度本土的工匠们巧妙、精确地完成了各种金属及石材的装饰方案，将这座印度
建筑史上的艺术精品由蓝图变为现实。

　　印度铁路的建设是工程技术实力的象征。早期英殖民者将孟买与印度半岛广
阔而富饶的内陆地区用铁路连接起来，从而奠定了孟买在印度次大陆的经济主导
地位。后来随着苏伊士运河的开通及蒸汽船舶的广泛使用，印度与欧洲大陆的联
系也更加紧密，而这些是英国在工业革命后期保持其作为世界头号强国的非常重
要的原因之一。这一切使得这座车站超越了自我，因为它不仅仅是一座建筑，还
是这段历史的一个缩影。

2. 金奈中央火车站

　　中央火车站（Central Station）是马德拉斯的火车总站，毗邻现在的南方铁路
局总部。这里连接着印度半岛的其他重要城市，如新德里、艾哈迈达巴德、班加

图 4-52　金奈中央火车站及周边

罗尔、海得拉巴、斋浦尔、加尔各答、勒克瑙、孟买、特里凡得琅等等，该站也是马德拉斯郊区城际铁路系统的枢纽站点。有着 138 年历史的老中央车站，是马德拉斯最突出的标志性建筑之一。在英国殖民时期，中央车站是印度南部地区的门户，所有人都需经这里才可以前往南部地区。

1873 年，为缓解罗亚普兰港湾车站（Royapuram Harbour Station）的运载压力，马德拉斯中央火车站作为其候补车站在帕克镇（Parktown）开建（图 4-52）。车站用地是一块原来被称为约翰·佩雷拉花园的开敞地块，原属于一个于 1660 年来到这里定居的葡萄牙商人约翰·佩雷拉。1907 年，马德拉斯铁路局将中央车站作为自己的主站点。后来，城市沿着滨海不断向南扩张，罗亚普兰站不再作为终点站，于是乎所有的列车都驶向了中央车站。1890 年成立的马德拉斯和南部马拉塔铁路局（即现在的南方铁路局）从马德拉斯铁路局接手中央车站，并在 1922 年将其行政总部建在中央车站的旁边，从而使得中央车站一举成为马德拉斯最重要的火车站。

车站地理区位优势明显，周边道路通畅，甚至还有一条普拉玛丽高速公路经过这里，车站距马德拉斯国际机场约 19 公里。主站与后来建设的郊区城际终点站之间有条被称为白金汉渠的河道，原名科克伦渠（图 4-53）。车站东侧沿华尔街设有次出入口，从这里进站可以直达 1 号月台。如果想要前往郊区城际站台，则需从车站西侧次入口进入。政府总医院及地铁帕克站与中央车站一路之隔，它们之间有地下通道相连。

最初由建筑师乔治·哈丁（George Harding）设计的马德拉斯中央火车站为哥特式复兴风格，有 4 个站台，可以容纳最长 12 节车皮的列车。5 年后，建筑增加了一个"帽子"，那就是车站中央的钟楼，由罗伯特·费洛斯·奇泽姆（Robert Fellowes Chisholm）设计。陆陆续续的改建工程直到 1900 年才得以完工，最终建

图 4-53　从西侧河道看金奈中央火车站　图 4-54　中央火车站
（1880）

筑呈现为印度 – 撒拉逊风格（图 4-54）。建筑整体为对称式布局，四角有高耸的塔楼，立面为砖红色。水平连续的拱窗形成了横向的基座，中央的钟楼高高跃起，形成了一股纵向的紧张感。矩形的钟楼顶端设有旗杆，四面精心布置了时钟。这座时钟很特别，除了整点报时外，每隔 15 分钟也会响一次。或许这是在提醒着赶火车的市民注意时间，不要耽误了出行。

随着城市的不断扩大，人口的不断增长，车站容量也不断地增加，目前车站共有 11 个长途列车月台及 3 个通勤车专用月台。如今，融合了哥特及伊斯兰风格的火车站主楼已经被当局列为文保单位。

3. 金奈伊格摩火车站

自 1720 年伊格摩就成为东印度公司的财产，据说早期这里是英军用来储存弹药的地方。1796 年，这里建成了一座军事化的孤儿院，院长是开创马德拉斯教育体制的安德鲁·贝尔（Andrew Bell），现在的伊格摩地区是印度马德拉斯市区最繁忙的街区之一。

伊格摩火车站（Egmore Railway Station）是马德拉斯市仅次于中央火车站的第二大火车站，是通往泰米尔纳德邦南部地区、中部地区和喀拉拉邦的客运列车及市内通勤车的终点站（图 4-55）。马德拉斯的第一条铁路线为西线，后来增加了向北的支线，南线铁路于 1859 年开始建设。1890 年，由几家公司合并而来的南方铁路局正式成立，总部在伦敦注册，而后来伊格摩火车站成为其在印度分部的总部。

南方铁路局邀请亨利·欧文（Henry Irwin）担任首席工程师，进行伊格摩火车站的方案设计。在经过几轮方案修改之后，项目于 1905 年 9 月开始建设，1908 年完工，并于同年 6 月 11 日正式投入使用。车站由班加罗尔的建筑承包商皮莱公司（T. Samynada Pillai）负责建设，工程总耗资约 170 万卢比。落成典礼上，南方铁路局领导激动地向市民宣告："这是一座让马德拉斯所有人值得骄傲的火车站，这座车站比伦敦查林十字火车站（Charing Cross Station）还要大。"

建筑为印度—撒拉逊风格，面宽 91.4 米，进深 21.4 米，共有 11 个月台，月台顶棚最长的达 750 米（图 4–56）。位于东侧的 1~3 号月台较短，用于停靠短列车。位于穹顶下方的 4~7 号月台为其主月台，用于停靠长途列车。新建的 10~11 号月台则专门用于停靠城际宽轨通勤车。建筑在哥特风格基础上融合了伊斯兰建筑的穹顶及廊道设计，颇具特色，建成以来一直是马德拉斯市的著名地标之一。车站

图 4-55　金奈伊格摩火车站及周边

图 4-56　伊格摩火车站街景

月台经过特别设计，运载车可以开到内部月台直达列车车皮旁，非常便于行李及货物的装载。

4. 加尔各答豪拉火车站

豪拉火车站（Howrah Station）是印度占地面积最大的火车站，其庞大的规模和令人惊讶的火车吞吐能力在印度是无与伦比的。豪拉车站与锡亚尔达车站（Sealdah Station）、夏利马尔车站（Shalimar Station）及加尔各答车站（Kolkata Railway Station）一道共同构成加尔各答城市铁路运输网络。豪拉车站位于胡格利河的西岸，与东岸加尔各答市区隔河相望，由加尔各答标志性构筑物豪拉大桥相连（图4-57）。

1851年6月17日，东方铁路局首席工程师乔治·特恩布尔（George Turnbull）提交了豪拉火车站的初步构想。1852年，当局共收到四份项目投标书，费用从190 000卢比至274 526卢比不等。与竞争对手孟买的维多利亚火车站相比，豪拉火车站无疑是非常微妙的。1901年由于业务量的大幅增加，新建一座车站大楼变得刻不容缓。新站由英国建筑师哈尔西·里卡多（Halsey Ricardo）设计，并

图4-57　加尔各答豪拉火车站及周边

图 4-58　从胡格利河上看豪拉火车站

于 1905 年 12 月 1 日投入使用，这就是现在的豪拉火车站大楼。沿河立面上多种形式圆形拱门占据着绝对的主导地位，这种孟加拉拱门是孟加拉建筑的一个关键元素。建筑整体立面为砖红色，与河对岸的行政大楼遥相呼应（图 4-58）。

对于乘客来说，站台与大楼之间巨大的等候区及站内为转乘客流设计的休息室可谓是十分人性化。车站甚至设有连接着城市道路与月台的汽车坡道，接送旅客在这里变得十分便捷，而这也是这个印度大多火车站中少有的案例。这里是印度豪拉—德里、豪拉—孟买、豪拉—金奈（马德拉斯）及豪拉—高哈蒂四条铁路干线的终点站，重要性可见一斑。

20 世纪 80 年代车站南侧又新建了 8 个站台，使得豪拉火车站总站台达到 26 个。从这里出发的列车服务着西孟加拉甚至印度的大部分地区，平均每天超 600 列的车流量及上百万人次的客流量使得豪拉站成为印度最繁忙的火车站之一。其中 1~15 号站台为东方铁路公司拥有，16~26 号站台为东南方铁路公司拥有。同时在老办公楼南侧新建了旅客换乘设施。主站分为南北两部分，最初是为了区分普通市民和上层阶级。而如今，主站南侧为长途列车始发站，北侧的一小部分变成了一个小型纪念堂，用来纪念在第一次世界大战中牺牲的士兵。从这里，来来往往的乘客们可以欣赏到胡格利河对岸加尔各答市区完美而动人的天际线。

第四节　文化教育建筑

1. 孟买大学

孟买大学（University of Bombay）创建于 1857 年，是印度三所历史最悠久、规模最大的综合性大学之一。它曾为国家和孟买城市发展作出了杰出的贡献，被誉为国家的智力和品德的动力之源。圣雄甘地、印度人民党现任领导人阿德瓦尼等均毕业于该校。孟买大学议会厅、图书馆及钟楼构成了朝向贝克湾的最美的一组建筑群，这也是建筑师 G.G. 斯科特最杰出的作品（图 4-59）。建造经费部分来自于捐款，较早的有 1863 年 C.J. 瑞迪摩尼爵士捐资 100 000 卢比，以及后来众多证券及商品经纪人的捐款。这些捐款几年下来达到 839 000 卢比，其中大部分被用于修建图书馆及钟楼。

基地为规则的矩形，北侧为秘书大楼，南侧则是高等法院，东侧接市中心，西侧紧邻开阔的大片绿地，优越的区位是孟买大学引以为傲的一件事情（图 4-60）。建筑沿袭了 13 世纪法国装饰主义风格，并刻意参考了欧洲的大学建筑设计。类似教会的外观强调了基督教会在学校改革中的作用。建筑群有花园环绕，营造出的整体氛围非常适合学习或研究。1952 年因教室扩建，按照最初的设计在地块东侧新建了一栋哥特复兴风格的大楼。工程师默勒希（Molecey）负责项目所需的铁构件工作，并绘制了详细的图纸进行施工。项目的彩色玻璃由伦敦的希顿、巴特勒及贝恩公司（Heaton, Butler & Bayne Ltd.）负责提供，屋面瓦为同样来自伦敦的

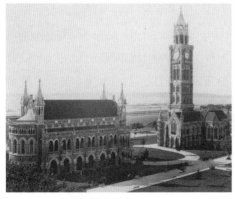

图 4-59　孟买大学建筑群

图 4-60　孟买大学周边

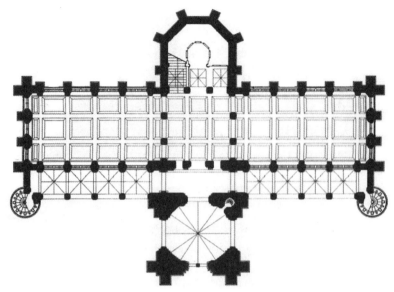

图 4-61　孟买大学图书馆及钟楼首层平面

泰勒瓦片，地砖则为明顿瓷砖。

　　两层高的图书馆是整个建筑群里平面形式最为复杂的，152 英尺（约 46.3 米）长的体块成为高耸的钟楼的水平基座（图 4-61）。位于图书馆西侧中部的钟楼一层拥有巨大的尖拱开口，它也是图书馆主入口的门廊。钟楼基座采用了粗糙但非常精美的库尔勒石（Kurla Stone），局部构筑物采用了博尔本德尔石（Porbandar Stone）。图书馆外墙由切割平滑的博尔本德尔石建造。斯科特设计了一个交叉拱式天花的入口大厅，进门右侧设有一个大型的接待处，主楼梯就设在前台的左侧，非常方便。楼梯上空的天花同样为拱形，侧面为长条的带有精美彩绘的玻璃窗。沿着楼梯缓缓而上，人们渐渐可以看见两尊头部雕像，一个是荷马（Homer），另一个是莎士比亚（Shakespeare）。上了二楼，出现在人们眼前的是空间十分开阔的阅览室，内部装饰非常考究。阅览室顶部为 32 英尺（约 9.8 米）高的由柚木装饰的拱形天花，东西两边为一系列的长条形尖拱窗，富有韵律的条窗使得整个空间带有一种早期宗教的威严感及神秘性。

　　钟楼的建造整整花了 9 年的时间，最初它还有一层重要意义，即是献给普列姆昌德·诺伊珊德（Premchand Roychund）的母亲的礼物。与前辈伦敦大本钟（Big Ben）相比，孟买大学钟楼无论是从细节还是平衡感上都可与之媲美（图 4-62）。

图 4-62　孟买大学钟楼

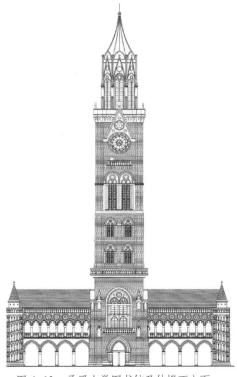

图 4-63　孟买大学图书馆及钟楼西立面

钟楼共 7 层，高 280 英尺（约 85.3 米）。这个高度使得钟楼比周围建筑要高出至少 120 英尺（约 36.6 米），也使得钟楼一度成为整座城市最高的建筑物。钟楼四边为代表着印度西部的 24 个"种姓"的雕塑，与其他形式的装饰纹样一道，形成了复杂多变的哥特复兴的立面风格（图 4-63）。顶部的四面钟于 1880 年 2 月开始运作，而建筑的其余部分早在三年前就已完成。钟的机械装置设置在钟楼第四层，用来显示时间的乳白色玻璃表盘直径为 12 英尺 6 英寸（3.8 米）。得益于安放在表盘后的气体射流装置，夜晚的表盘仍然可以为市民提供准确的时间。钟琴及运行装置经过处理可以发出 16 种不同的音调，由隆德和布洛克利（Lund & Blockley）设计。16 只钟由位于英国莱斯特郡（Leicestershire）的约翰·泰勒公司（John Taylor & Co.）负责制作，其中最大的一只钟重达 3 吨。钟架则由铁路局的海德上将（General Hyde）设计，由韦斯特伍德·贝利公司（Westwood Bailey & Co.）制造。

孟买大学考瓦斯吉·贾汗吉尔（Cowasjee Jehangier）爵士议会厅于1869年开始建造，最初被称为孟买大学教务大厅，大楼总共花费40万卢比，于1874年正式投入使用。议会厅位于图书馆南侧，相距100英尺（约30.5米），平面为不规则的矩形，南侧有如同教堂平面形式的半圆形后殿（图4-64）。门廊及楼梯被设置在北侧，共同构成了议会厅的主立面，这里与图书馆南北相对，遥相呼应。主屋面为南北向两坡屋面，正好在北立面上形成巨大的三角形山花，两翼为哥特式尖塔（图4-65）。一层主入口处设有拱廊，二层中央为直径20英尺（约6.1米）的圆形玫瑰窗，并被雕刻精美的装饰柱分隔成十二等分。玫瑰窗内外两圈，间隔的彩色玻璃上内圈描述的是一年中的12个月份，外圈则为黄道十二宫图。下方彩色玻璃上的玫瑰、三叶草和蓟草图案象征着英格兰、爱尔兰与苏格兰。建筑首层大厅及边廊空间尺度较大，设计可容纳近一千人。大楼采用了与图书馆相一致的材料，不同的是楼梯柱子处采用了来自勒德纳吉里（Ratnagiri）的灰色的花岗岩，中央走道采用了中国大理石与明顿地砖。建筑外观为复杂而又精致有序的哥特复兴风格，与北侧的邻居形成了互补而又竞争的关系。

图 4-64　从孟买大学议会厅看钟楼　　　图 4-65　孟买大学议会厅鸟瞰

孟买大学建筑群共耗时 12 年才完成设计及施工，并建立了孟买建筑专业能力的新标准。由印度本土工匠参与的雕塑方案使得建筑物外观更具观赏性，英国人也为能够得到印度工匠的协助而感到十分庆幸，毕竟拥有长达 3000 年的精湛石雕技术，这些本土人可以很好很快地理解来自欧洲的哥特风格。

印度时报在 1874 年曾这样报道："通过这座建筑文脉可以看出，本地工匠和欧洲同行们一样是善于学习的，建筑形式也在穆斯林文化衰落之后第一次有了灿烂的未来"。

2. 大卫·沙逊图书馆

大卫·沙逊图书馆（David Sassoon Library）是孟买最古老的图书馆，建筑位于弗里尔镇（Frere Town，孟买市中心地区），地理位置十分优越。1847 年，在皇家铸币局及官方船坞工作的技工们需要一处可以容纳工业模具及建筑模型的地方，于是诞生了新建一座博物馆的想法。当时他们成立了一个组织，并以一个非常优惠的价格从政府那租了这块土地，租期为 999 年。

大楼由建筑师富勒（Fuller）设计，设计过程中也吸收了来自斯科特和麦克莱兰（Scott & McClelland）公司的代表约翰·坎贝尔（John Campbell）的一些建议。建筑于 1867 年奠基，时任市长弗里尔将这栋大楼命名为沙逊技工研究院。建筑为维多利亚哥特复兴风格，主体于 1870 年完工，而钟楼修建好的时候已经是 1873 年，这是整栋建筑最后完成的部分。尽管吉卜林（Kipling）可能已经为该项目做了一些模型，但本案的室内家具设计、铁艺花纹、地砖图案、书架及石雕的细部完善得益于富勒的助手穆子班（Murzban）。

主立面为对称式布局，共三大开间，正中设置主入口，局部三层，顶部为高耸的三角形山墙，两侧角部有互相呼应的尖塔（图 4-66）。沿街为应对印度炎热多雨的气候设置了外廊，并采用了连续的尖拱，尺度

图 4-66　大卫·沙逊图书馆

宜人，韵律十足。主入口处用尖顶山墙加以突出，非常明显。山墙配有做工精细的雕刻花纹，令人印象深刻。建筑内存放着大卫·沙逊的雕像，这是 1863 年一个犹太人捐资 60 000 卢比建造的。地板的明顿瓷砖及屋面的泰勒瓦片都来自于英国。富勒选用库尔勒片砖搭配对比色的勾缝作为饰面材料，实现了低成本的相对平坦的建筑表面。建筑精细的尺度感及用博尔本德尔（Porbandar）和瓦赛斯（Vasais）石组合而成的多彩装饰营造出一个非常独特的设计，这使得大卫·沙逊图书馆成为弗里尔镇最吸引人的建筑之一。1997 年整栋建筑迎来了在百年之后的首次整修。

3. 加尔各答大学

加尔各答大学（University of Calcutta）成立于 1857 年劳德·坎宁（Lord Canning）勋爵担任印度总督时期，是印度的第一所现代型大学。时任英属印度教育部长约翰·弗雷德里克（Dr. John Fredrick）提议英国政府仿效伦敦大学设立加尔各答大学，目的是培养统治印度的人才。一开始该计划并未得到批准，最终获准于 1857 年 1 月 24 日成立。

大学早期为一个考试机构，经过不断发展演变成一所知名的综合性大学。1873 年建筑师沃尔特·格兰维尔设计的加尔各答大学理事会大楼正式建成，这是加尔各答大学第一座完全属于自己的教学大楼。大楼为古典主义风格，后因用地紧张，被迫于 1961 将其拆除。如今，加尔各答大学这个模糊的"校园"由分散在学院街（College Street）附近的众多建筑组成。

总统学院及医学院附属医院是其中的佼佼者（图 4-67）。总统学院东西向排列，为学院街上非常醒目的建筑群。主入口处设有一个带有校徽图案的时钟，从主入口进去有一个非常宽敞的庭院，这里安放着 1855 年创立总统学院的大卫·黑尔（David Hare）的雕像，他对印度的教育事业有着很大的贡献。校园西侧为一排不起眼但令人赞赏的建筑，与外界隔离，环境非常安静。建筑内饰豪华，好似一个按缩小比例的宫殿。19 世纪 80 年代担任印度教育高级专员的查特吉先生（Atulchandra Chatterjee）如此评价："校园略显拥挤，不过仍然是一个城市高等教育机构高效利用空间的例子。从其他学校前来的学生也可以在这里上课，使用物理学、地质学和化学合用教室和实验室……" 1939 年萨卡（Sarkar）在回忆录里写道："整个校园里我最喜欢的地方是学院图书馆……我更喜欢坐在大厅西侧的窗户旁。在那里，留给我的只有平静，没有什么可以打扰我，除了树上的沙沙

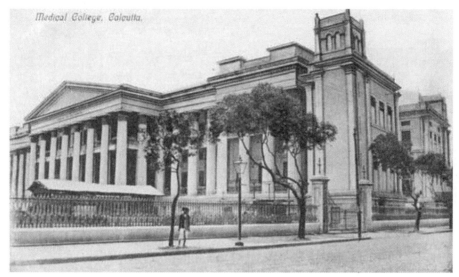

图 4-67 加尔各答医学院

作响的树叶。"

　　早在 1764 年英国东印度公司就成立了印度医疗服务（IMS），专门服务英属印度时期的欧洲人。IMS 医疗人员在孟买、加尔各答和马德拉斯设立了军事及民用医院，同样，东印度公司的船只和军队里也有他们的身影。加尔各答医学院（CMC）于 1835 年 1 月 28 日建立，是亚洲第一所教授西医的学校。医学院及其附属医院统称为加尔各答大学医学院，目前为印度首屈一指的医学研究机构。

　　学院坐落在校园的西北角，建筑群由众多建筑组成。带有钟楼的行政楼，内部设有校长办公室、报告厅等。一楼设有学院图书馆，二楼为检测大厅。一旁为学生宿舍及食堂。行政楼前有一块小型的草坪，有时被用做学生的操场。毗邻的建筑为解剖系大楼，设有解剖演讲厅和解剖研究室，中心还设立了医院的太平间。再往前是化学系大楼，建筑内设有化学演讲厅和实验室，还有法医和药理等部门。位于最末端的建筑是病理科楼，内部设置了生理学研究室和血液学实验室，预防和社会医学、病理科研究室及其实验室以及一个巨大的病理学博物馆。主楼由伯恩公司负责设计与建造，大楼立面为典型的古典主义风格，左右对称，圆形科斯林柱横向排列形成的门廊构成了立面的主要形式，中间为八柱式门廊，上方为厚实的檐部，居中刻有 "Calcutta Medical College"，顶端为三角形山墙。

4. 马德拉斯大学

图 4-68　马德拉斯大学及周边

马德拉斯大学（University of Madras）面朝孟加拉湾，东临被称为世界第二长海滩的玛丽娜（Marina）海滩。建校以来在教学和研究方面一直保持着很高的标准，并与时俱进，融入当代办学理念。马德拉斯大学以其历史悠久且十分辉煌的学术传统著称，作为当时英国牛津大学的分校，这里秉承了优良的学风，目前发展成为印度的精英学府之一[1]。学院建筑独具特色，为印度—撒拉逊风格建筑的又一代表作品。

1857 年 9 月 5 日马德拉斯大学根据印度立法委员会的授权正式成立，总部设在学院理事会大楼（The Senate House），这是罗伯特·奇泽姆（Robert Chisholm）的杰作，大楼于 1873 年对外开放。1935 年新的教学大楼和图书馆在校区北侧的库姆（Cooum）河旁建成（图 4-68）。现在的新行政大楼是印度独立后于 1961 年落成的。尖塔、穹顶、拱门、圆柱、红色砖墙、花岗岩基座等等元素组合成几栋雄伟的建筑物，使整个建筑群成为马德拉斯滨海天际线最显著的闪光点（图 4-69）。

图 4-69　马德拉斯大学

---

1 http://wenku.baidu.com/view/4a5d10ed551810a6f524865f.html.

理事会大楼沿着玛丽娜海滩，坐落在瓦拉扎（Wallajah）路旁，是早期马德拉斯大学的行政中心。1864 年，马德拉斯当局公开征集理事会大楼的方案，建筑师奇泽姆一举夺标。大楼于 1874 年 4 月开始建设，1879 年完工，被认为是印度—撒拉逊风格建筑中最古老、最优秀的例子。奇泽姆是 19 世纪的英国建筑师，他被认为是印度—撒拉逊风格的先驱之一。早年他的作品多采用文艺复兴和哥特式建筑风格，1871 年开建的印度—撒拉逊式的挈鲍克大厦（Chepauk Palace）标志着其风格的转变。

5. 卡尔萨学院

卡尔萨学院（Khalsa College）成立于 1892 年，是一个历史悠久的教育机构，位于印度北部旁遮普邦重镇阿姆利则。校园占地面积 1.2 平方公里，毗邻阿姆利则至拉合尔[1]公路，距市中心约 8 公里（图 5–70）。阿姆利则是锡克教的圣城，殖民时期，锡克教学者萌生了在这里建造一所服务于广大锡克教徒和其他旁遮普人民的

图 4-70　卡尔萨学院校区

高等教育机构。卡尔萨学院经费来源于阿姆利则、拉合尔以及旁遮普其他城市的富裕王公和众多锡克教家庭。

校园主楼于 1892 年奠基，1893 年开课，由著名建筑师巴伊·拉姆·辛格（Bhai Ram Singh）负责设计（图 4-71）。辛格是梅奥设计学院院长，维多利亚勋章（MVO）获得者。建筑融合了英式、莫卧儿及锡克教建筑的风格，是一座典型的印度—撒拉逊风格建筑（图 4-72、图 4-73）。

卡尔萨学院对印度的自由发展史贡献非常显著，这里诞生了许多著名的自由战士、政要、军队将领、科学家、运动员和学者等。

1　拉合尔（Lahore）是巴基斯坦的文化和艺术中心，有 2000 多年历史。1947 年巴基斯坦独立后，拉合尔成为最富裕的旁遮普省的省会，现为巴基斯坦第二大城市和重要的工业中心。拉合尔旧城建于阿克巴时期，由 7 米高的红色砖石城墙围绕，建有 14 座城门，城墙外蜿蜒着护城河。东部朝印度德里方向的城门叫德里门，而德里红堡朝向拉合尔方向的正门则取名拉合尔门，昭示了两座城市之间深厚的历史渊源。

图 4-71　卡尔萨学院主楼

图 4-72　卡尔萨学院主楼屋顶细部

图 4-73　卡尔萨学院主楼主入口

第五节　商业建筑

1. 孟买克劳福德市场

图 4-74　孟买克劳福德市场及周边

克劳福德市场（Crawford Market）是南孟买最著名的市场之一，根据孟买第一任市政专员阿瑟·克劳福德（Arthur Crawford）命名。市场位于孟买市中心警察总署对面，维多利亚火车站北侧及 JJ 天桥路口西侧，位置绝佳（图 4-74）。建筑内设有水果、蔬菜和家禽批发的市场。市场的一端是一家大型宠物店，在这里可以找到不同品种的猫、狗和鸟类等等宠物。大部分市场里的店主都会出售进口物品，如食品、化妆品、家居用品及礼品等。

图 4-75 孟买克劳福德市场街景

　　该建筑由英国建筑师威廉·爱默生（William Emerson）设计，于 1869 年建成，印度独立后市场更名为马哈特马·焦提巴·普勒市场（Mahatma Jyotiba Phule Market）。市场用地面积约 22 470 平方米，基地面积约 5 510 平方米。1882 年，电气化得以在这座建筑内实施，这是有记录以来印度第一座整体通电的建筑物。建筑融合了诺曼（Norman）和佛兰芒（Flemish）建筑风格，主体用粗抛光的库尔勒（Kurla）石，局部配以伯塞恩（Bassein）红石建造而成（图 4-75）。建筑入口处的印度农民雕刻及内部石质喷泉雕刻由小说家鲁德亚德·吉卜林（Rudyard Kipling）的父亲洛克伍德·吉卜林（Lockwood Kipling）设计。室内设有一个高约 15 米的天窗遮阳篷，采光良好。

2. 孟买泰姬玛哈酒店

　　泰姬玛哈酒店（Taj Mahal Palace & Tower）是位于印度孟买中心地带可拉巴地区的一家有名望的五星级豪华旅馆，拥有 565 个房间，毗邻地标印度门（图 4-76）。它隶属泰姬玛哈酒店集团旗下，具有百年历史的经典建筑，使它成为集团的旗舰

图 4-76　孟买泰姬玛哈酒店及周边　　图 4-77　从海上看泰姬玛哈酒店与印度门

旅馆。泰姬玛哈酒店包含宫殿式与高塔式的建筑物各一座，分别于不同的时间修建，并且具有完全不同的建筑风格（图 4-77）。

　　"泰姬玛哈"是阿拉伯语，意为"放置王冠的地方"。它的名字很容易让人联想起著名的"泰姬陵"，但二者没有任何直接关系。英国殖民时期，贾姆谢特吉·塔塔（1839—1904，印度塔塔集团创始人）和英国朋友到位于现在的泰姬玛哈酒店附近的沃特森（Watson's）酒店喝茶，但因为自己是印度人而被赶出。当时，塔塔已经是非常成功的企业家。经历这次事件后，塔塔就暗下决心要在印度建一座最豪华的酒店。泰姬玛哈酒店就是他打造出来的精品。

　　这座印度—撒拉逊风格的泰姬玛哈酒店工期达 5 年，最终于 1903 年 12 月 16 日正式投入使用。印度建筑师瓦德亚（Sitaram Khanderao Vaidya）及米尔扎（D. N. Mirza）负责建筑早期的设计，而项目最终由英国工程师钱伯斯（W. A. Chambers）完成。建筑耗资 25 万英镑，施工方为汉沙艾博工程公司（Khansaheb Sorabji Ruttonji Contractor）。在第一次世界大战期间，酒店被转换成一个 600 张床位的医院。酒店的圆穹顶采用与埃菲尔铁塔相同的钢铁构件建造，钢材由塔塔公司负责进口。泰姬玛哈酒店是印度第一座安装了蒸汽电梯的酒店，同时还是印度第一座拥有美国进口风机、德制电梯、土耳其浴室及英国管家的酒店。

　　孟买泰姬玛哈酒店早在一个世纪前的开业之初便被赋予了伟大的气质，雄伟庄严的外观使它成为当时名副其实的地标性建筑。孟买泰姬玛哈酒店融印度北方拉其普特风格、伊斯兰摩尔风格、欧式佛罗伦斯和英伦爱德华风格于一体，宏伟庄严是其带给所有人的第一印象（图 4-78）。住在泰姬玛哈酒店你会发现它与世

图 4-78   泰姬玛哈酒店

界同类酒店的差别。它坐落在海边，入口不是面朝大海，而朝向城市。对这个"错误"的解释又有若干个版本，一个比一个离奇。但原因其实非常简单而合理，那就是设计师希望酒店的每一间客房都朝向大海。酒店建筑朝向内陆的"凹"字形设计就是出于对景观性及舒适性的最大化要求，这样午后的微风就不是从港湾直面吹来，而是从背面徐徐而来了。

　　酒店内部富丽堂皇的陈设令入住其中的宾客无不为之倾倒，不计其数的艺术珍品贯穿于整个酒店的内部空间，无尽的拱廊亲切典雅，庄重的中央楼梯、硕大的内部空间以及室外透进来的和煦阳光，还有交响乐队的现场演奏等等，每一个细节都将奢华发挥到了极致。

　　1973 年，泰姬玛哈酒店一旁的格林酒店被拆毁，取而代之的是泰姬玛哈酒店新高层塔楼。建筑构图严谨，比例协调，立面为连续的拱窗，颇具印度特色。

　　作为印度最豪华的五星级大酒店，泰姬玛哈酒店诞生以来，一直深受社会名流的青睐。曾在此下榻的客人包括美国前总统比尔·克林顿、法国前总统雅克·希拉克、英国王储查尔斯王子、"猫王"埃尔维斯·普雷斯利、英国"甲壳虫"乐队、"滚石"乐队主唱米克·贾格等等。世界各国的富商们，更是将入住泰姬玛哈酒店视为财富与地位的象征。2007 年，塔塔集团子公司塔塔钢铁公司收购英国钢铁巨头科勒斯（Corus）集团的签署仪式也在该酒店举行。

3. 新德里康诺特广场

康诺特广场（Connaught Place）坐落于新德里北边，是为欧洲人和富有的印度人所设立的购物中心，平面形状像一个巨大的甜甜圈，中央为中心花园（图4-79）。工程于1929年开建，并于1933年完成。广场地区通常缩写为"CP"，是新德里最大的中心商务区，许多印度公司总部设在这里。

这一地区原是郊外的狩猎地点。印度政府的总设计师尼科尔斯（W. H. Nicholls）酝酿为帝国的新首都兴建一个中心商务区，策划建设一座欧洲文艺复兴和古典风格为主的中央广场，但是他在1917年离开印度，帝国首都总规划师埃德温·鲁琴斯和赫伯特·贝克此时正忙于兴建首都其他大型建筑，于是最终公共工程部（PWD）总设计师罗伯特·托尔·罗赛尔（Robert Tor Russell）完成了这个广场。康诺特广场以维多利亚女王的第三个儿子亚瑟王子（康诺特公爵，1850—1942）命名，其乔治式建筑模仿了英国巴斯的皇家新月。不过皇家新月是半圆形，三层，主要是住宅，而康诺特广场只有两层，几乎是一个完整的圆，底层为商业，二楼为住宅（图4-80）。康诺特广场内圈的官方名称目前为拉吉夫广场（Rajiv Chowk，得名于印度总理拉吉夫·甘地），外圈的官方名称则由联盟内政部长查万（S. B. Chavan）授权更名为英迪拉广场（Indira Chowk）。

康诺特广场目前是新德里最大、最有活力的商业中心，各栋建筑之间组合成一个十分别致而又独特的市场。这座市场是一座环形建筑，沿着广场巨大的圆圈的周围，建成了连绵不断的低层建筑群，并形成了内、外两层圆圈。外圈面对着环形的大街，内圈一面则对着一个直径达600米的圆形大花园。花园内成荫的绿树、

图 4-79 新德里康诺特广场及周边

图 4-80 康诺特广场街景

如茵的草坪、鲜艳夺目的花朵，构成了一幅绝妙的田园美景。人们可以在这里野餐、休息和纳凉，朋友、亲戚也可以在这里聚会。市场内外两侧都是装饰得十分漂亮的商店，商店里琳琅满目的各色商品、外国名牌高档消费品、印度传统的工艺美术商品，让人目不暇接，是本国及国际游客购物的天堂。广场建筑群底层沿街设有外廊，整个建筑物里外互通，并且有 8 条城市道路从这里发散出去。

康诺特广场内环的建筑物，分别从 A 至 F 编成 6 区，外环则分别从 G 至 N 编成 8 区。广场周遭林立着银行、航空公司、饭店、电影院、观光局、邮局、地方特产经销中心、书店以及各式各样的餐厅和商店。2005—2006 年，德里地铁在广场的中心公园下方设站，为黄线和蓝线的交换站，使得这里成为德里地铁最大、最繁忙的车站之一。

4.加尔各答大都会大厦

大都会大厦（Metropolitan Building）位于加尔各答乔林基（Chowringhee）路和贝纳杰（S. N. Banerjee）路的交叉口。这里原为怀特威·莱德劳（Whiteway Laidlaw）百货，是英国统治印度期间加尔各答市一个非常著名的百货公司。它曾是亚洲最大的百货公司，一至三层为商业，顶楼为办公及公寓。印度独立后大都会人寿保险公司（Metropolitan Life Insurance Co.）拥有了这里的所有权，所以加尔各答市民更习惯称之为大都会大厦。

大楼靠近萨希德高塔（Shaheed Minar）和加尔各答大酒店（Grand Hotel），始建于 1905 年。穹顶、钟楼、连续的拱窗和立面上到处都有的精细装饰雕刻，使得建筑整体呈现出一种新巴洛克风格（图 4-81）。这种风格在英国殖民期间很好地体现出百货公司的前卫性及时尚感。位于道路交叉口处的大楼角部独具识别性，四层高的建筑上高高伫立着一座六角凉亭，顶部为一个带有时钟的穹顶。时钟斜 45 度正对着路口，方便来往的市民阅读时间。建筑一楼为沿街商铺，二楼以上为连续的拱窗，三个一组的拱窗之间由科林斯柱点缀。

1991 年，大都会大厦顶楼发生了一场火灾。在这之后，大都会人寿保险公司接手了这里，但这栋大楼的主要建筑功能仍然是一座商业综合体。略显陈旧的建筑后来进行了整修处理，外立面被刷上白色及金色的油漆，雕刻细部也做了局部的翻新。

图 4-81　加尔各答大都会大厦街景

第六节　纪念建筑

1. 维多利亚纪念堂

维多利亚纪念堂（Victoria Memorial Hall）坐落在加尔各答胡格利河边的麦丹（Maidan）公园，毗邻扎瓦哈莱尔·尼赫鲁（Jawaharlal Nehru）路，是一座专门用来纪念维多利亚女王（1819—1901）的大理石建筑（图4-82、图4-83）。纪念堂于1906年开工，1921年建成，现为博物馆，由印度文化部负责管理。

1901年1月，维多利亚女王与世长辞，驻印度总督劳德·柯曾勋爵（Lord Curzon）建议建造一座带有花园的博物馆来纪念她。建筑的经费来源于印度

图 4-82　维多利亚纪念堂及周边

图 4-83　维多利亚纪念堂

及英国政府的拨款及私人的捐赠。在项目近百万的经费中有 50 万卢比来自于印度王公和普通市民的捐赠，这也是对柯曾勋爵的号召做出的积极响应。建筑奠基于 1906 年 1 月 4 日，威尔士亲王，即后来的英王乔治五世亲临典礼现场。1912 年，在纪念馆尚未完工前，乔治五世宣布将印度首都从加尔各答迁到新德里。因此，从更大意义上来讲，维多利亚纪念堂生根于一座省会城市，而不是首都。

　　纪念堂的建筑师为威廉·爱默生[1]（William Emerson），英国皇家建筑师学会会长。建筑为印度—撒拉逊风格，由加尔各答马丁公司（Messrs. Martin & Co.）负责建设。维多利亚纪念堂融合了英国及莫卧儿时期的建筑元素，甚至受到了威尼斯、埃及、德干以及伊斯兰建筑的影响。建筑长约 103 米，宽约 69 米，最高处近 56 米（图 4-84）。建筑中间穹顶上为一尊 4.9 米高的象征着维多利亚女王的胜利女神雕像（图

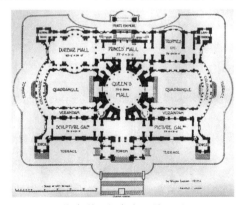

图 4-84　维多利亚纪念堂一层平面

1 艾默生是威廉·伯吉斯（William Burges）的学生，是一位出色的建筑理论家。他于 1860 年左右首先来到印度。孟买的克劳福德市场（Crawford Market，1865）、阿拉哈巴德的圣徒大教堂（The All Saints Cathedral，1871）及缪尔学院（Muir College，1873）都是他的作品。后来艾默生还前往古吉拉特包纳加尔（Bhavnagar）王侯国，并参与设计了塔克辛基（Takhtsingji）医院和尼拉姆巴（Nilambagh）大楼等等。在那里，他学会了如何在他的作品里加入印度本土的建筑元素。

图 4-85　维多利亚纪念堂侧立面　　　　　　　图 4-86　维多利亚纪念堂立面上的雕像

4-85）。穹顶周围还有代表着艺术、建筑、司法、仁慈的雕像，而北侧门廊上的雕像则象征着母爱、谨慎和进取（图 4-86）。尽管实际上爱默生并未刻意参考泰姬·玛哈尔陵，但维多利亚纪念堂与它之间确实有着相似之处。两者均用白色马克拉纳[1]（Makrana）大理石建造，都是用来纪念一位皇后。在建筑设计上，中央穹顶、四角附属建筑、八角形鼓座、高大的入口、门廊、带有穹顶的角塔等等一些建筑元素，无不表现了维多利亚纪念堂与泰姬·玛哈尔陵之间的某种联系。

纪念馆的花园占地 26 万平方米，由里兹代尔（Redesdale）和大卫·普兰（David Prain）设计，花园的大门及北侧的桥则由爱默生的助手温森特·J. 埃施（Vincent J. Esch）负责设计。在埃施设计的桥上，有一尊维多利亚铜像，铜像由乔治·弗兰普顿设计。维多利亚穿着印度之星长袍，面容安详地坐在她的宝座上。纪念馆南侧大门前有爱德华七世的青铜骑马雕像，由伯特拉姆·麦肯勒（Bertram Mackennal）负责设计。花园还安放着几位政要的雕像，如总督本廷克（Bentinck，1828—1835）、里彭（Ripon，1880—1884）等等。

维多利亚纪念馆室内大大小小有近 25 个展厅，其中较大的有皇家陈列馆、国家元首画廊、人物肖像馆、中央大厅陈列室、雕塑馆、军械武器陈列馆及加尔各答画廊等等。这里还汇集了托马斯·丹尼尔(1749—1840)及威廉·丹尼尔(1769—1837)的优秀作品。纪念馆内还收藏有众多古玩书籍，如威廉·莎士比亚的作品

---

1 产自印度西北方靠近巴基斯坦的马克拉纳。这种大理石硬度高，不吸水。沙迦罕偏爱这种白色大理石，甚至千里迢迢将其运至阿格拉以作为泰姬·玛哈尔陵墓的主体建筑材料。

集及古代阿拉伯民间故事集《一千零一夜》等等。

2. 孟买印度门

孟买印度门（Gateway of India）位于阿波罗码头，正对着孟买湾，毗邻泰姬玛哈酒店，是印度的标志性建筑（图4-77）。印度门高46米，外形酷似法国的凯旋门，是大英帝国的"权力和威严"的象征。印度门是为纪念乔治五世和皇后玛丽的访印之行而建，让陛下从门下通过，以示孟买是印度的门户。早年，它一直是乘船抵达孟买的游客看到的第一个建筑物，一旁的码头还是前往世界文化遗产象岛的出发地，现如今成为孟买的象征，也被称为孟买的"泰姬·玛哈尔陵"。现在这里是市政府迎接各国宾客的重要场地，成为印度重要旅游景点之一。

这座印度—撒拉逊式的拱门于1911年3月31日奠基（图4-87）。1914年建筑师乔治·怀特的设计（George Wittet）得到批准，1915—1919年进行场地整理，1920年基础完成，直到1924年落成，项目建造过程整整耗时10年。工程总造价为21万卢比，主要由印度政府承担。印度门最终于1924年12月4日向公众开放，后来这里成为孟买新州长就任庆典的必经之地。1948年2月28日，代表英军的萨默塞特轻步兵第一大队在仪式上从孟买印度门出海回国，标志着英

图4-87　孟买印度门

图 4-88　孟买印度门拱门内景

图 4-89　孟买印度门拱门细部

国统治的结束。

　　这座古吉特拉式（Gujarat）建筑，是一座融合印度和波斯文化建筑特色的拱门（图 4-88）。建筑师乔治·怀特融合了古罗马凯旋门以及 16 世纪古吉拉特建筑的元素，拱门为穆斯林风格，而装饰则为印度教风格（图 4-89）。建筑材料为黄色玄武岩及混凝土，岩石为就地取材，穿孔屏风板则来自于印度城市瓜廖尔（Gwalior）。拱门直径 15 米，顶尖为 25 米。拱门两侧为两个大型的礼堂，可容纳近 600 人。

3. 新德里印度门

　　首都印度门（India Gate）由英国建筑师埃德温·鲁琴斯设计（Edwin Lutyens）设计，是印度的国家纪念碑，位于新德里的市中心。建筑于 1921 年完工，建成以后成为新德里一个著名的地标，许多重要的道路从这里向外放射出去（图 4-90）。由红色砂岩和花岗岩

图 4-90　新德里印度门及周边

建成的印度门，最初被称为全印战争纪念馆（All India War Memorial），纪念在第一次世界大战中为英军牺牲的 70 000 名印度士兵。墙壁上还刻有在 1919 年阿富汗战争中丧生的 13 516 名英国及印度士兵的名字。印度门在当地又被称为"小凯旋门"，但它并不是为了纪念胜利或炫耀战绩而建，只是它的整体造型仿造了巴黎的凯旋门（图 4-91）。第一次世界大战中印度未参战，但作为英国的殖民地，有 9 万多的印度人被送上战场为英国作战，当时印度提出参战的条件即是战后宣布印度独立。然而，战争结束后，付出巨大牺牲的印度却并未如约获得独立。为了平抚印度人民的不满情绪，1931 年，英国政府仿照凯旋门的风格建造了这座印度门，以纪念在第一次世界大战中阵亡的印度将士。

　　整个拱门高 42 米，基座为暗红色巴拉特普尔（Bharatpur）石，檐口刻有象征大英帝国的太阳，拱门上方正中间刻有"INDIA"字样及日期，左侧刻有"MCM XV"字样，右侧刻有"MCM XX"字样。印度门的顶端有一个圆形的石盆，那是一盏大油灯。每逢重大节日，盆内便会盛满灯油，在夜空中燃起熊熊的火焰（图 4-92）。

　　印度门的基石由康诺特公爵于 1921 年奠基，并在 10 年后由欧文勋爵捐赠给了国家当局。印度独立后，印度门前面广场上的乔治五世雕像被移走，取而代之的是一座印度武装部队无名战士墓，被称为"Amar Jawan Jyoti"，意为不朽战士的火焰，象征着这些民族英雄的灵魂可以像火一样永远燎原。印度门整个公园为复杂的六边形，直径约 625 米，占地面积约 306 000 平方米。每年的 1 月 26 日

图 4-91　新德里印度门

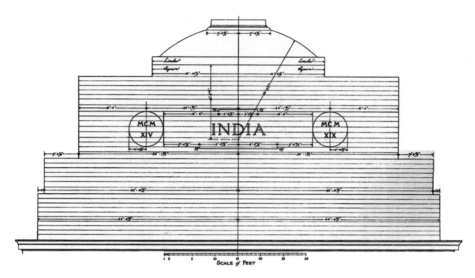

图 4-92　新德里印度门立面细部

印度共和国日这里都会被围得水泄不通，游行队伍从西侧的总统府（Rashtrapati Bhavan）出发，经新德里最宽阔美丽的主干道国王大道，到达东端的印度门。

第七节　园林

1. 新德里莫卧儿花园

　　莫卧儿花园（Mughal Gardens）位于新德里总统府的背后，包含了莫卧儿和英国的景观风格，并配备了各式各样的花卉（图 4-93、图 4-94）。莫卧儿花园的主花园由南北及东西方向的两条水道划分成一个正方形网格，水道交叉点为六个莲花形的喷泉（图 4-95）。充满活力的喷泉将水喷射到 12 英尺的高度，动感十足；而水道内的水流非常缓慢宁静，显得气氛平和，这一动一静形成鲜明对比。水道内倒映着气势宏伟的建筑和傲人的花朵。主花园南北两侧为两个辅园，较主花园的标高要高出一些，形成层层叠落的感觉，结合不同高度的灌木丛的设计，使得整体非常有层次感。主花园西侧为长园，这里是一个玫瑰园，周围设有 12 英尺的围墙。长园正中为一个红砂岩凉亭，设计灵感来自于莫卧儿风格。周围的墙壁上种满了各种花卉，如茉莉、黄钟花、玉兰、紫葳、巴拉那穿心莲等等，另外沿着墙壁还种植了中国橘子树。这里还有各式盆景，可以称得上印度最优秀的盆景

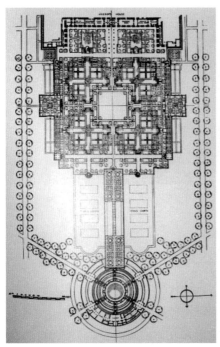

图 4-94　莫卧儿花园鸟瞰

图 4-93　莫卧儿花园总平面

图 4-95　莫卧儿花园内景

公园之一。这座圆形的花园的角落布置了园艺师办公室、小商店等辅助用房。

2. 加尔各答麦丹广场

位于加尔各答市中心的麦丹广场（Maidan）是印度西孟加拉邦最大的城市公园（图 4-96、图 4-97）。广场由一系列巨大的草坪和众多的活动场地组合而成，其中包括著名的板球场地伊甸花园[1]（Eden Gardens）、几个足球场馆和南侧的加尔各

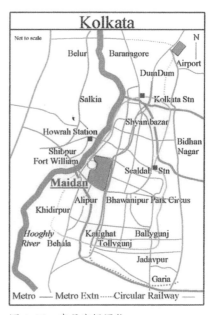

图 4-96　麦丹广场区位

---

1 伊甸花园成立于 1864 年，是孟加拉板球队及印度超级联赛加尔各答骑士队的主场。伊甸花园现为世界上第三大板球体育场，它被公认是世界上最具代表性的板球场馆之一。

图 4-97　从麦丹广场看加尔各答市中心

答马场（Race Course）。

　　1758 年，在普拉西战役决定性的胜利一年之后，英国东印度公司在高宾达普尔（Gobindapur）村镇中心开始兴建威廉堡（William Fort）。城堡于 1773 年完成，城堡附近隔断了乔林基（Chowringhee）与胡格利河的一大片丛林被清除，进而发展成为现在的麦丹广场（图 4-98、图 4-99）。最初，麦丹是作为军队一个 5 平方公里的练兵场。远望有几十层的高楼大厦穿云而立，近观有面积很大的赛马场让人望不到边。当然这里最抢眼的是位于广场东南部的维多利亚纪念馆，它是一座完全由白色大理石砌成的正方形建筑，融合了英国、意大利和印度的建筑风格和雕刻技艺。维多利亚纪念馆现辟为博物馆，里面陈列着各种绘画、雕像、历史文献、古代兵器等稀世珍宝。威廉堡位于麦丹广场的中间部位，这是英国殖民者当年统治印度的象征，但那红色的威严城墙却也引人入胜，今天它仍然是一处军营，没有特殊的安排不能随便进入。离维多利亚纪念馆不远是印度博物馆，这里展出有大量的石刻雕像、史前艺术品、货币以及印度的各种动植物标本等。广场周围还有圣彼得教堂、比尔拉天文馆（M. P. Birla Planetarium）、伊甸花园（图4-100）、邦府大楼、议会大厦以及高 165 英尺的萨希德柱（图 4-101），全部都是值得一观的好去处。萨希德柱建于 1848 年，风格独特，汇集了埃及、叙利亚和土耳其的建筑风格。

　　现在的麦丹广场是加尔各答人打板球、踢足球、举行政治集会和呼吸新鲜空气的地方。当太阳在胡格利河上沉落，去麦丹广场悠闲自得地走上一番，那是绝好的享受。

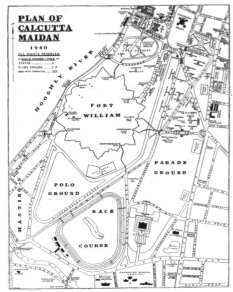

图 4-98　麦丹广场规划平面图（1940）　　图 4-99　麦丹广场卫星地图

图 4-100　伊甸花园　　　　　　　　　图 4-101　萨希德柱

3. 孟买霍尼曼街心花园

　　坐落在孟买市中心金融街区的霍尼曼街心花园（Horniman Circle Gardens）占地面积约 1 公顷左右，是孟买市民引以为傲的一座大型街区公园（图 4-102）。环形的公园由众多宏伟的建筑环绕，其中包括政府办公场所以及印度全国首屈一指的各大银行等等。

图 4-102　霍尼曼街心花园与弗洛拉喷泉广场

　　霍尼曼公园始建于 1821 年，但到 1842 年这里仍然杂乱不堪。公园所处的位置曾是 18 世纪孟买城堡的中心地带，当局迫切希望改变这一现状。后来在州长劳德·埃尔芬斯通（Lord Elphinstone）和巴特尔·弗里尔爵士（Sir Bartle Frère）的支持下，警察署署长查尔斯·佛杰特（Charles Forjett）计划将绿地改建成由建筑包围的环形街心花园（图 4-103、图 4-104）。这一建议在 1869 年得以实施，并在三年之后成功实现。建成之后的花园内设有精心布置的人行道，并种植了各式各样的树木，中央还布置了一座巨大的装饰性喷泉。随后这里被改称为埃尔芬斯通环（Elphinstone Circle），而公园则被誉为"孟买绿地"（Bombay Green）。这里曾是帕西社区（Parsi Community）最受欢迎的社交场所，在英殖民时期这里每晚甚至还有乐队表演。

　　公园周边为孟买著名的商业金融街区，包括了许多著名的历史建筑，如孟买老市政厅（Town Hall）、孟买新闻报大楼（The Bombay Samachar Building）、孟买埃尔芬斯通大楼（Elphinstone Building）、布雷迪大楼（Brady House）、老海关大楼（Old Customs House）、圣托马斯教堂（St. Thomas' Cathedral）、英国中东银行（British

图 4-103　霍尼曼街心花园铁艺大门

图 4-104　霍尼曼街心花园周边街景　　　　图 4-105　弗洛拉喷泉广场上的雕塑

Bank of the Middle East)、印度储备银行（Reserve Bank of India）等等。

经霍尼曼花园向西经菲尔·娜里曼路（Veer Nariman Road）可直达弗洛拉喷泉广场（Flora Fountain），在菲尔·娜里曼路上与霍尼曼花园一路之隔的是著名的建于 1718 年的圣公会教堂——圣托马教堂。弗洛拉喷泉广场始建于 1864 年。"Flora"意为古罗马花之女神，旨在表示"丰富、充裕"的美好祝愿。弗洛拉喷泉广场中央为一座巨大的喷泉池，池上精美的雕塑是由从波特兰进口的石材经精雕细凿而成（图 4-105）。广场周边是众多殖民时期建造的办公楼、银行、高校等建筑。

1947 年印度独立之后，公园以印度著名纪实性报刊主编本杰明·霍尼曼（Benjamin Horniman）的名字命名，以纪念他在印度独立事业上所做出的贡献。随着时间的推移，公园在孟买市民心中的地位也越来越高，这里现在是一年一度的苏菲派及神秘派音乐狂欢节（Sufi and Mystic Music Festival）举办地，同时也是卡拉·宫达艺术节（Kala Ghoda Arts Festival）会场之一。

4. 孟买空中花园

位于孟买马拉巴尔山（Malabar Hill）山顶西侧的空中花园（Hanging Gardens）又被称为费罗泽萨·梅赫塔（Pherozeshah Mehta）花园，位于卡玛拉·尼赫鲁公园对面（Kamala Nehru Park）。公园于 1881 年由乌尔哈斯·盖波卡（Ulhas Ghapokar）奠基（图 4-106）。公园内布满精心雕琢而成的动物形状的植物，非常有趣（图 4-107）。从空中看去，园区内的景观道路可以拼出大写的草书字母"QME"。公园西侧为阿拉伯海，可以欣赏到非常壮观的日落景观。

图 4-106　孟买空中花园内景　　　　　图 4-107　空中花园内动物形状的植物

小结

　　在殖民时期，建筑成为权力的象征，代表了整个宗主国的威严及荣耀。殖民者们在印度次大陆建造的一系列建筑其风格受到了他们的祖先及家乡的影响，这些建筑承载着欧洲人"征服"与"统治"的侵略使命。

　　整个印度殖民时期的漫长岁月里，英国、法国、荷兰和葡萄牙四国成为最主要的殖民势力，而因对印度有过长时间的直接统治，英国成为对印度影响最深的国家。英国人于 1615 年来到印度，并最终导致了莫卧儿帝国的覆灭。到 1947 年印度宣布独立，英国人在印度的影响力整整持续了 300 多年，在印度次大陆留下了众多城建基础设施和一系列重要建筑。其中马德拉斯、孟加拉及孟买三大管区首府受影响最剧烈，其殖民地建造规模最大，建设也最完善。其他受影响较大的城市还有阿格拉、巴特那、卡拉奇、那格浦尔、博帕尔和海得拉巴以及后来的首都新德里等。1673 年才来到印度的法国人来势汹汹，不过后来在与英国人的一番争斗之后其势力仅限于一些沿海城市。其中本地治理可谓其掌上明珠，直到 1954 年这里才并入印度联邦。荷兰人在 1605 年来到印度，他们专注于贸易，仅在沿海设立了一些小型的贸易商馆。在印度 200 多年时间里，他们的足迹主要分布在苏拉特、巴鲁奇、艾哈迈达巴德、马拉巴尔海岸、科钦和瑟德勒斯等地。葡萄牙人以商人的身份于 1498 年来到印度，这是所有殖民者中最早的。相较于其他侵略者忙于在印度的殖民扩张，葡萄牙人则更在意自己的宗教使命。果阿就是葡萄牙人宗教事业的结晶，他们在这里建造了许多宏伟的大教堂、神学院。果阿邦最终于 1961 年并入印度联邦。

　　西欧列强尤其是英国的统治，为印度社会带来了先进的生产力和新的管理模式。不过想要更好地控制印度半岛，除了武力之外还需要对印度进行更深层次的了解。起始于 1872 年的印度社会大调查工作对印度各地区的人口、社会情况进行了摸底。印度历史悠久的建筑遗产分布情况也在这次调查中得到了体现，而这些优秀的遗产最终得以第一次在西方广为人知。这对进一步了解及保护印度建筑遗产的工作产生了非常重要的促进作用。

第五章　印度殖民时期建筑的特色

印度现存的众多殖民时期建筑，无论是项目的选址、立面的设计，还是选用的材料、建筑细部的处理，都形象地反映出当时欧式的建筑文化与艺术。在漫长的岁月里，欧洲与印度本土两种建筑文化不断发生碰撞，有排斥有吸收，但走到最后的是两者之间的融合。在这个过程之中，建筑的不断演变就是这一段不可磨灭的历史的缩影。

印度殖民时期的建筑风格多样，其中影响力较大的主要有以下三类：第一类为欧洲建筑师（主要为英国建筑师）早期习惯采用的欧式风格，如新古典主义风格、哥特复兴风格、巴洛克风格、拜占庭风格等等；第二类为融合了欧式风格与印度本土莫卧儿风格的印度—撒拉逊建筑风格；第三类为根据印度特殊的自然条件而产生的外廊式风格。

第一节　殖民时期建筑的风格

1. 新古典主义建筑风格

新古典主义风格产生于欧洲 18 世纪中叶的新古典主义运动，其纯粹、理性的建筑形式植根于古希腊及古罗马建筑。在对早期古典主义风格进行移植及改良后，新古典主义风格舍弃了繁杂的装饰线条而将古典主义的建筑惯用的立面分段法则、构造工艺、色彩区分等沿袭下来，并很好地展现出了欧式深厚的传统文化底蕴。

新古典主义风格建筑造型庄重典雅，平面布局规整，立面常为严谨的三段式构图（图 5-1）。为增加建筑的庄严厚重感，基座常采用石材装饰；古典五种柱式构成了墙身中段的主要建筑语言，并采用券柱式、叠柱式、柱上券、依柱等多种组合形式，券面与券底均有装饰处理，墙面局部设置壁龛，增加了整体的丰富性及层次感；顶部檐口常用三角形山花装饰，为减轻屋面水平的乏味感，有的还在核心区域设置穹顶或在转角部位布置凉亭等加以装饰。与法国强调古罗马建筑的实体感和坚固性的罗马复兴不同，英国的新古典主义以希腊复兴为主，多反映古希腊建筑艺术特色，如同雅典卫城山门形体较简洁、少装饰，或者沿街立面有希腊长廊等。新古典主义的建筑主要为银行、剧院、法院等大型公共建筑及一些博物馆和纪念馆类的建筑。

图 5-1　孟买市政厅

印度新古典主义风格建筑包括以下设计元素：

· 柱式（Use of Orders）；

· 比例（Proportion）；

· 对称（Symmetry）；

· 元素的重复，如窗户等（Repetition of Elements such as Windows）；

· 古典建筑的简化（References to Classical Architecture）。

印度新古典主义风格建筑代表如孟买陆海军合作社商店（Army & Navy Cooperative Society Store）、孟买渣打银行（Chartered Bank of India, Australia & China）、孟买市政厅、加尔各答汇丰银行（HSBC）、加尔各答 GPO、作家大厦、铸币局（The Mint）、港务局（Port Commissioner's Office）、加尔各答总督府（Raj Bhavan）、国家图书馆（National Library）、加尔各答医学院等。

2. 哥特复兴式建筑风格

哥特复兴式风格又称浪漫主义，始于 18 世纪 40 年代的英格兰。19 世纪初建筑风格的主流是新古典式，但崇尚哥特式建筑风格的人则试图复兴中世纪的建筑形式。欧洲各国经过工业革命的洗礼，社会得到空前发展，而当时的权贵们慢慢对大工业感到厌烦，并开始对城市生活产生抵触情绪，他们试图找回曾经那种自然而又舒适的浪漫生活。于是乎，在这一特殊背景下产生了浪漫复兴运动，并诞生了大量浪漫主义建筑。复兴运动对英国以至欧洲大陆，甚至澳洲、美洲及印度半岛都产生了重大影响。哥特式的复兴与中世纪精神的兴起有关。在英语文学里，哥特复兴式建筑和古典浪漫主义甚至被视为哥特派小说的主要促进因素之一。

图 5-2　维多利亚火车站立面上的哥特元素

哥特式建筑被普遍认为始于 1140 年的巴黎圣丹尼斯修道院，终结于 16 世纪初亨利七世的威斯敏斯特教堂。复杂的工艺及高耸的体形是哥特式建筑的主要特征。建筑立面常用众多线脚及精致的雕刻加以装饰，并配以高大斑斓的彩色玻璃窗。标志性的尖拱门、屋顶上繁多的高耸入云的尖顶等等形成了哥特复兴式建筑特有的崇高感：激越性（图 5-2）。凭借着其独特的工艺成就，哥特复兴式建筑在建筑史上占据着非常重要的地位。

法国维欧勒·勒·杜克是深具影响力的建筑师，擅长修复建筑。在整个职业生涯，他始终困惑于铁和砖石是否应该结合应用在建筑物中。哥特式建筑复兴初期，铁已在哥特式建筑物中使用。不过，拉斯金和其他复古哥特支持者认为，铁不应该用于哥特式建筑。随着结合玻璃和铁的水晶宫和牛津大学博物馆庭院相继建成，并成功以铁表现哥特式风格，在 19 世纪中叶，否定铁的思想开始消退。在 1863—1872 年间，维欧勒·勒·杜克发表了一些结合铁和砖石的大胆设计想法。虽然这些项目从来没有落实，但影响了几代设计师和建筑师，特别是西班牙安东尼·高迪、英格兰本杰明·巴克纳尔等人。1872 年，哥特复兴在英国已相当成熟，建筑教授查尔斯·洛克·伊斯特莱克出版了《哥特复兴式建筑的历史》。

哥特复兴多用于教会建筑，作为其内部重要装饰的彩色玻璃窗画也应运而生，尤其是哥特式教堂里的彩色镶嵌玻璃画（图 5-3）。立面上一系列竖长的玻璃窗之上讲述了不同圣徒们的故事及传说，不识字的信徒把这种形式的彩画当做他们自己的"圣经"。彩画具有非常强烈的装饰美感，在偏暗的教堂内部能够带给人一种接近天国的神秘气息。随着哥特复兴式建筑影响力的提升，除教会建筑外也

图 5-3　圣托马大教堂内的彩窗

有不少世俗建筑采用这一建筑形式的例子。

　　印度哥特复兴式风格建筑包括以下设计元素：

　　·尖拱门和尖窗户（Pointed Arches and Windows）；

　　·不规则的外观（Irregular Appearance）；

　　·注重竖向感（Vertical Emphasis）；

　　·材料的多元化（Variety of Materials）；

　　·丰富的色彩及装饰（Rich Colours and Decoration）。

　　19 世纪末期英帝国殖民地印度诞生了一大批优秀的哥特复兴式建筑。孟买高等法院、孟买大学图书馆及钟楼、孟买威尔森学院（Wilson College）、大卫·沙逊图书馆、孟买英属印度海运大厦（British India Steam Navigation Building）、孟买皇家游艇俱乐部住所（Royal Bombay Yacht Club Residential Chambers）、加尔各答高等法院、孟买圣托马斯大教堂、坎亚库马瑞兰瑟姆教堂、阿拉哈巴德诸圣教堂、加尔各答圣安德鲁教堂、加尔各答圣约翰教堂、加尔各答圣保罗大教堂以及马德拉斯圣托马教堂等等都是其中比较著名的案例。

3.印度—撒拉逊建筑风格

在殖民时期，印度建筑发展进入一个历史的拐点。这期间各类型的建筑文化百家争鸣，欧式风格与印度本土的建筑风格特别是莫卧儿风格不断融合，产生了印度特有的折中主义建筑风格。这种独一无二的折中主义样式又被称为印度—撒拉逊建筑风格（Indo-Saracenic Style）。印度—撒拉逊式风格也被称为莫卧儿复兴式、印度—哥特式、莫卧儿—哥特式、新莫卧儿风格，是19世纪后期英国建筑师在印度的建筑风格运动。印度—撒拉逊风格吸收了来自印度本土伊斯兰教及印度教建筑的元素，并与英国维多利亚时代盛行的哥特复兴及新古典主义风格相结合（图5-4）。

早在德里苏丹国及莫卧儿帝国时期之前，印度次大陆的建筑风格就已经开始尝试融入不同地域的建筑风格元素。当时盛行的建筑样式是水平横梁式的，广泛采用梁柱结构。土耳其入侵者引入了波斯特有的弧形风格的拱门和横梁以及其他细部构造。这些元素与印度本土建筑完美结合，并在莫卧儿时期流行开来，特别是拉贾斯坦邦的寺庙及宫殿建筑。后来经过慢慢发展，檐口遮阳板（Chhajja）、雕刻有丰富图案的托架、阳台、八角凉亭（Chhatri）、高塔等等建筑元素成为莫

图 5-4 印度—撒拉逊式的卡尔萨学院主立面

图 5-5 卡尔萨学院立面檐口上连续的水平遮阳板　　图 5-6 秘书处屋顶上的八角凉亭

卧儿风格的主要特征（图 5-5、图 5-6）。

　　印度—撒拉逊风格来源于莫卧儿帝国第三任皇帝阿克巴大帝的构想，并在沙贾汗时期得到了发扬光大。胡马雍陵、阿克巴陵、泰姬·玛哈尔陵、阿格拉堡及西克里堡都是莫卧儿风格建筑的典型实例。其中泰姬·玛哈尔陵是莫卧儿风格的集大成者。沙·贾汉的继任者、清教徒奥朗则布在位期间，莫卧儿风格建筑快速发展的势头有所减缓。

　　19 世纪初，英国人通过一系列手段将自己的统治范围不断扩大，甚至将衰落的莫卧儿帝国纳入自己的势力范围。1857 年的起义被英军镇压标志着莫卧儿帝国的终结。英国人在印度半岛的直接统治同时带来了建筑的新秩序。在这期间统治者们建造了一批大型的公共建筑。他们将印度本土的建筑文化与欧洲哥特、新古典主义、装饰艺术等风格结合，使得这些庞大的建筑物更"印度"化。加之英国仍然保留了一些地区印度王公的合法性，这批混合了印欧风格的建筑的存在因而不再那么"令人厌烦"。这期间的建筑主要包括铁路、教育及行政等等，它们很好地展现了宗主国的形象和地位，至今仍然发挥着各自的神圣职能。

　　印度—撒拉逊式风格建筑包括以下设计元素：

　　·洋葱（球茎）圆顶 [Onion （Bulbous）Domes]；

　　·飞檐（Overhanging Eaves）；

　　·尖拱门或扇形拱门（Pointed Arches or Scalloped Arches）；

　　·拱形屋顶（Vaulted Roofs）；

　　·圆顶亭（Domed Kiosks）；

·众多小型圆顶（Many Miniature Domes）；

·八角圆顶凉亭（Domed Chhatris）（图5-7）；

·尖塔（Pinnacles）；

·光塔（来源于清真寺，供报告祈祷时刻的人使用的附属建筑）（Towers or Minarets）；

·后宫窗（伊斯兰教徒女眷的居室所特有的窗户）（Harem Windows）；

·敞亭或孟加拉顶式亭（Open Pavilions or Pavilions with Bangala Roofs）；

·开放式装饰连拱（Pierced Open Arcading）。

建筑师罗伯特·费洛斯·奇泽姆（Robert Fellowes Chisholm）、查尔斯·曼特（Charles Mant）、亨利·欧文（Henry Irwin）、威廉·爱默生（William Emerson）、乔治·怀特（George Wittet）、弗雷德里克·史蒂文斯（Frederick Stevens）以及欧、美地区许多其他的专业技术人员和工匠们都是印度—撒拉逊风格的坚定拥护者。维多利亚纪念堂、孟买GPO、孟买印度门、泰姬玛哈酒店、威尔士亲王博物馆、印多尔达利学院（Daly College）、阿姆利则卡尔沙学院（Khalsa College）、新德里秘书处大楼、迈索尔宫殿、马德拉斯博物馆、勒克瑙火车站、

图5-7　八角圆顶凉亭的构成

图5-8　底层沿街外廊（加尔各答）

勒克瑙卡尔顿酒店等等都是属于这一类型的代表性建筑。

4. 外廊式建筑风格

外廊（Veranda）是指建筑物外墙前附加的自由空间，也称门廊（Patico）、连廊（Arcade）。这种生活空间，始自希腊神庙古典样式系的建筑，在房屋的正立面都设有开放的列柱空间，不过那只是出于美学的考虑。外廊式（Veranda Style）建筑是英国殖民主义的产物，又被称为殖民样式（Colonial Style），广泛分布于印度半岛、东南亚、东亚、太平洋群岛、大洋洲东南沿岸、非洲的印度洋沿岸、美国南部及加勒比海等地区[1]。

印度半岛大部分地区属于热带性季风气候，旱季（3—5月）与雨季（6—10月）占据了全年的大部分时间。旱季阳光普照、酷热难当，雨季暴雨连绵、湿热难耐，这与西欧那种温带海洋性的温和湿润气候有很大的不同。而殖民统治们大都住在以古典主义为主的建筑里，他们很难适应这种交替的折磨。为了抵抗这种酷暑和湿热气候，预防热带疾病的发生，必须要营造一个凉爽舒适的居住环境，于是乎，"外廊"这种形式应运而生。建筑的外廊可以使建筑不受阳光的直射，在拥有充足采光条件的基础上，又保证了建筑良好的通风性能，而且还提供了一定的室内外过渡空间，可谓是一举多得（图5-8）。这种室内外过渡的"灰"空间可以用作喝茶、下棋、聊天或者会客的场所等等。欧洲人特别是英国人发现这种形式非常好用，于是在18世纪末19世纪初把它也带回了英国本土，并随着英帝国的脚步传播到了世界各地。欧洲上流社会的富裕阶层将这种形式用在自己的乡郊别墅（Bungalow）上，慢慢的，外廊式发展成为西欧各国驻殖民地外交使馆的常用形式。印度境内外廊式建筑颇多，多为一层沿街部分设置，也有多层的外廊布置方式（图

---

1 关于外廊式建筑的起源，日本学者藤森照信先生提出两种看法：

（1）英国殖民者模仿印度班格(Bungal)地区的土著建筑而形成。17世纪欧洲各国大举向外扩张之时，"日不落"帝国英国来到了亚洲。为适应热带地区炎热的环境气候，解决自身建筑形式所带来的困境，殖民者在印度的贝尼亚普库尔（Beniapukur）向当地土著学习，模仿班格带有四面廊道的建筑形式，称之为"廊房"（Bungalow）。外廊成为半室内的生活空间，后结合英国建筑样式，形成一种殖民地外廊式建筑。

（2）起源于加勒比海的大安得列斯岛。美洲地区的殖民样式建筑皆由大安得列斯群岛传播出去，此岛原为西班牙殖民地。1756年英国与西班牙、法国"七年战争"之后，接收西、法在西印度群岛及北美南部的殖民地。英国于17世纪在西印度群岛即拥有殖民地，而外廊样式建筑开始流行于18世纪，以时间发展过程来看，这种说法也有可能。

基于目前起源于加勒比海的大安得列斯岛的相关文献不多，现一般都以印度起源说为主。

图 5-9　外廊式建筑街景（一）　　　　图 5-10　外廊式建筑街景（二）

5-9、图 5-10）。外廊形式上有单边、双边及"回"字形等多种平面形制，也有不同形式组合的案例。

第二节　殖民时期建筑的立面细部特点

印度殖民时期的建筑不仅有很高的历史研究价值，而且还有很高的美学价值，该时期的建筑外立面在细部设计主要表现在建筑的门窗、墙身、屋顶等方面。

1. 建筑门窗特点

殖民时期建筑都带有权力及威严的考量，因此建筑的主入口一般都加以强调。建筑主入口基本上均设在主立面正中位置上，并以巨大的拱形门廊过渡。入口处常设有柱式装饰，主要以券柱式、梁柱式及壁柱式为主。

殖民时期建筑的窗户类型多样，造型形态丰富。窗大多成组排列，讲究秩序。窗户形状有平拱窗、尖窗、半圆形券窗、马蹄形窗、三叶券窗及莫卧儿式窗等。窗间墙常以比例协调的装饰柱及精美的雕刻过渡（图 5-11）。为阻挡室外强烈的阳光，外窗常设有百叶格栅等遮阳装置（图 5-12）。

2. 建筑墙身特点

（1）立面造型

殖民时期的建筑规模宏大，形体各异，但整体而言建筑结构紧凑合理，比例匀称，立面造型经常以连列券柱廊等作装饰且色彩统一。官式建筑立面构图讲究手法，注重不同材质及虚实的对比，强调建筑的层次性及光影感。宗教类建筑惯用哥特或哥特复兴的浪漫主义感强化立面，使建筑显得端庄、和谐、宁静。

图 5-11　建筑窗间墙　　　　　　　　图 5-12　建筑百叶外窗

（2）建筑外廊

为适应当地特殊的气候环境，更好地开拓殖民地，殖民者采用了外廊式风格。其形式也从单边外廊扩展到双边及多边回廊。这种集遮阳避雨、商业贸易及居住功能为一身的"外廊式"建筑，为人民提供了非常舒适的居住环境（图5-13、图5-14）。

印度外廊式建筑体量一般较大，外廊多采用木柱、砖石柱及金属柱。其中木柱外廊多用于早期较小型的建筑上，以居住建筑为主；石柱外廊多为拱券式，形成的光影使建筑空间丰富，以古典主义建筑居多；19世纪晚期及20世纪产生的金属柱外廊多为梁柱式，跨度大，体量轻盈，造型线条相对较简洁，常用于一层

图 5-13　出挑式外廊　　　　　　　　图 5-14　嵌入式外廊

的沿街部分（图 5-15）。外廊式建筑也在潜移默化的发展中，在印度大城市商业繁华地段，外廊式建筑成片出现，致使建筑沿街的一层部分形成一整条连续的长廊。除气候因素外，当然还有商业上的考虑。印度人口众多，城市用地非常紧张，在寸土寸金的闹市区，一层沿街商户的门廊成为商家必争之地（图 5-16）。

（3）装饰雕刻

殖民时期的建筑通常以建筑居于主导地位，而其他的艺术活动，如绘画、雕塑、镶嵌艺术等虽居于附属地位，但这丝毫不影响各种类型的装饰雕刻在建筑中所起到的重要作用。建筑的立面布满各式各样的雕刻品，以植物纹样、动物造型、人物形象等居多，受传统莫卧儿风格建筑的影响，印度本土工匠的技艺水平在世界范围内都属于上层（图 5-17、图 5-18）。

（4）建筑时钟

印度殖民时期比较重要的大型公共建筑立面上常设有时钟，以白底圆形居多（图 5-19）。设置在街角处建筑上的时钟带给人们不仅仅是物质层面的时间概念，更是精神层面的时间概念，周而复始的时针一圈圈转动，象征着当权者的统治可

图 5-15　金属柱外廊

图 5-16　底层结合商业使用的外廊

图 5-17　几何纹样

图 5-18　孔雀石雕

图 5-19　建筑时钟

图 5-20　维多利亚火车站主立面上的时钟

以万寿无疆（图 5-20）。

3. 建筑屋面特点

（1）女儿墙

女儿墙作为建筑立面与屋面的衔接部位具有非常重要的作用。殖民时期建筑惯用镂空式女儿墙，强调虚实对比，并配以水平序列的雕刻及角部尖塔装饰（图 5-21）。哥特复兴风格的建筑女儿墙多采用尖塔及三角形装饰，强调高耸的竖向感。

（2）屋面结构

屋面形式多样，大体上可分为平顶及坡顶两大类，也有平顶与坡顶相结合的例子。印度－撒拉逊式建筑以平屋面为主，局部设有葱头穹顶，并配以众多的小

图 5-21　建筑女儿墙　　　　　　图 5-22　拱券式屋顶内景

型装饰穹顶及角部凉亭。哥特复兴风格的建筑的主屋面以双坡屋面为主，角部塔楼及装饰尖塔以四坡为主。重要公共建筑及教堂的坡屋面常为交叉拱结构，这种结合了罗马拱券和哥特式肋拱的技术在室内具有非常好的效果（图 5-22）。

（3）中央穹顶

穹顶可以视作拱的发展。将穹顶沿中心剖开，剖出的平面就是一个拱形。所以穹顶可以看成是一个拱绕着它的垂直中心轴旋转一周而得到。因此穹顶像拱一样有着很大的结构强度，可以不需借助内部结构支撑而达到较大的空间跨度。

殖民统治时期印度各地新建了一系列带有穹顶的建筑，如维多利亚火车站、维多利亚纪念堂、加尔各答 GPO、孟买市议会大楼、BB&CI 总部、孟买泰姬玛哈酒店、马德拉斯高等法院、马德拉斯大学、新德里总统府及秘书处等等。

归纳起来，这些建筑的穹顶可以分为两大类。一类为标准的罗马式半圆形穹顶；另外一类为"洋葱头"式穹顶（图 5-23、图 5-24）。受莫卧儿风格的影响，葱头圆顶成了殖民时期偏印度风格建筑的常见形式。葱头圆顶的形状不是严格的半球形，而像一个洋葱头，来源于早期的拜占庭建筑文化。殖民时期的建筑穹顶主要为砖石及混凝土结构。穹顶这种建筑形式有着自身特殊的文化属性与建筑意义。

·遮阳与采光

体型庞大的建筑其内部更需要良好的采光与通风性。将中央大厅的正上方设计成穹顶可以很好地解决这一问题。在穹顶或穹顶基座上设置窗户，一方面可以将自然光线引入室内，另一方面有助于改善通风环境，"烟囱效应"会将室内多余热量带出室外，可谓一举两得（图 5-25）。

·美化装饰作用

穹顶就好比建筑的帽子，可以让建筑整体的造型更加丰富。从城市设计角度

图 5-23 标准半圆形穹顶（加尔各答 GPO）

图 5-24 "洋葱头"式穹顶

图 5-25 果阿圣卡杰坦教堂穹顶内景

图 5-26 孟买泰姬玛哈酒店穹顶

来说，穹顶可以让建筑从千篇一律的街景中脱颖而出，从而让空间感十足的建筑成为这个街区甚至整个城市的地标（图 5-26、图 5-27）。从室内设计角度来说，穹顶使得室内大厅的大空间、高净空成为可能，配上精彩绝伦的彩绘，室内顿时变得气势非凡（图 5-28）。

· 权力地位的象征

殖民统治时期，只有那些比较重要的政府机构或是带有纪念性质的建筑才设有穹顶。统治者为显示其强大的实力和崇高的地位，往往会选择那些位置很显眼的地段建造带有穹顶的建筑。高高在上的穹顶静静伫立，仿佛是在暗示谁才是这里真正的主人（图 5-29）。

 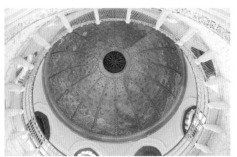

图 5-27　金奈高等法院穹顶　　　　　图 5-28　金奈高等法院穹顶内景

1

2

3

4

5

6

1. 新德里秘书处；2. 卡尔萨学院；3. 新德里总统府；4. 加尔各答维多利亚纪念堂；5. 孟买维多利亚火车站；6. 孟买议会大楼

图 5-29　不同建筑上的穹顶

第三节　新材料和新技术的运用

工业革命是社会生产从手工工场向大机器生产的过渡，是生产技术的根本变革，同时又是一场社会关系的变革。一方面生产方式及建造工艺的发展，另一方面不断涌现的新材料、新设备和新技术，为近代建筑的发展开辟了广阔的前景。

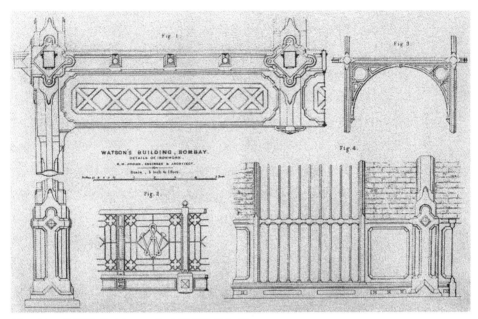

图 5-30　孟买沃森（Watson）大楼钢构件细部

正是由于这些新技术的广泛应用，建筑才得以突破自身高度与跨度的局限，平面设计和立面形式上才更具自由度和变化性。随着 1869 年苏伊士运河的开通及 19 世纪蒸汽船舶的广泛使用，印度次大陆与欧洲及其他地方的联系越来越紧密。欧洲尤其是英国的新材料、新技术可以以最快的速度传播到印度，并迅速发展起来（图 5-30）。这其中，新材料尤其以钢铁、混凝土和玻璃的普遍应用最为突出，新技术则主要为电力照明系统及电梯技术的采用。

1. 钢铁、玻璃和混凝土的普遍运用

在人类历史上，以金属作为建筑建材早在古代就已经开始，但是以钢铁作为建筑结构材料则始于近代。 世界上第一座铸铁桥是 1779 年英国科尔布鲁克代尔厂建造的塞文河桥，由 5 片拱肋组成，跨径 30.7 米，很好地展示了铸铁的优异性能。半透明的小块彩色玻璃则早在拜占庭帝国时期就已经被用在了建筑室内的装饰上。经过不断发展，至 15 世纪后，平板玻璃的制作工艺日趋成熟。后来到了 19 世纪，人们对于建筑采光的要求越来越高，于是慢慢试图将铁和玻璃两种不同的建筑材料搭配起来使用。得益于西欧工业革命带来的先进生产力，这一技术最早在法国及英国被人们所实现。1829 年，人们将玻璃与铁构件成功用于法国首都

图 5-31 维多利亚火车站内景

图 5-32 维多利亚火车站钢结构柱头细部

巴黎的旧王宫奥尔良廊上，这一成功案例展示了玻璃与铁的完美特性，并为后来玻璃与铁构件的广泛应用奠定了基础。1851 年为第一届世博会所建的英国伦敦水晶宫（The Crystal Palace）则成为铁与玻璃的绝美组合，这座位于海德公园内的庞大建筑是英国工业革命时期的代表性建筑。后来许多新型材料的广泛采用为建筑造型及结构提供了众多新可能，如 19 世纪初英国人制成水硬性石灰等胶凝物质，1855 年转炉炼钢法的诞生致使钢铁的运用得到普及等等。

图 5-33 孟买大学礼堂内部钢构件细部

这些新材料很快被用在了英帝国殖民地印度的大型公共建筑上，如孟买维多利亚火车站、孟买大学、马德拉斯中央火车站及马德拉斯 GPO 等等（图 5-31、图 5-32、图 5-33）。维多利亚火车站后厅及月台应用了大量钢结构构件。纤细的钢结构柱保证了视线的贯通性，柱头四角配以精美的铁艺环纹，与同为钢结构的屋面连成一体。屋顶中间设有天窗，白天室内无需任何人工照明。通长的双坡天窗像是一条光带，指引着下方来去匆匆的乘客，并为他们提供了一个安全舒适的乘车环境。马德拉斯中央火车站售票处与候车大厅衔接的地方设置了一系列钢结构双柱，柱头有植物叶片的装饰纹样，柱上为连续的拱门。候车大厅非常宽敞，跨度较大的屋面结构系统的荷载全部落在了两侧砖墙及正中间的一排钢结构柱上。高而细的钢柱间距 6 米左右，对候车的乘客基本没有造成任何使用上的影响。乔治·怀特设计的孟买威尔士亲王博物馆中央巨大的穹顶就是用混凝土建造的。

2. 电力照明系统

19 世纪前，人们用油灯、蜡烛等来照明，这虽然使人类打破黑夜，但仍未能把人类从黑夜的限制中彻底解放出来，而电灯的发明解决了这一难题。自问世以来，电力照明大大地推动了人类的进步和发展。1850 年，英国人约瑟夫·威尔森·斯旺（Joseph Wilson Swan）开始研究电灯。1878 年，他以真空下用碳丝通电的灯泡获得英国的专利，并开始在英国建立公司，在各家庭安装电灯。但这时的电灯寿命还不长。1879 年 10 月 21 日，美国发明家爱迪生通过长期的反复试验，终于点燃了世界上第一盏有实用价值的电灯，并最终取得碳丝白炽灯的专利权。

为展示自身的先进性，殖民者喜欢把他们的最新技术成果应用到自己的楼宇中。试想在一个依靠油灯、蜡烛照明的国度里，突然出现一座拥有电力照明系统的大楼将会是何等情景？英国建筑师史蒂文斯设计的孟买市政大楼、钱伯斯设计的泰姬玛哈酒店等等在设计之初就考虑到了大楼整体的供电与照明系统。

3. 电梯技术

电梯在建筑上的应用解放了使用者的双脚，并使得建筑得以突破高度上的限制，让高层建筑成为可能。19 世纪初，欧美开始用蒸汽机作为升降工具的动力。1845 年，英国人威廉·汤姆逊研制出 1 台液压驱动的升降机，其驱动的介质是水。尽管升降工具被一代代富有革新精神的工程师们不断进行改进，然而被工业界普遍认可的升降机仍未出现。1852 年，美国人奥的斯在纽约水晶宫举行的世界博览会上展出了自己的安全升降机，并在 1889 年研制成功了首台以交流电为动力的升降机。

图 5-34　老式电梯　　　　　　　　　　　　　　　　图 5-35　BMC 电梯剖面

　　为便于通行，孟买市政大楼、BB&CI 总部等等在大厅靠近主楼梯附近设置了电梯（图 5-34、图 5-35）。这些早期用于印度建筑上的升降机大都为水压式，因此建筑都需要一个安放升降机水压设备的地方。极富智慧的建筑师们找到了自己的解决办法。史蒂文斯在 BB&CI 总部设计中就尝试将储水罐设置在穹顶的夹层里，夹层上方则用做储藏间。这样在解决问题的同时增加了使用面积，而且又不影响建筑立面的美观，可谓是一举两得。1903 年建成的泰姬玛哈酒店的电梯则为更加成熟、更加安全的德制蒸汽式升降机。

小结

　　在殖民地印度修筑建筑面临着诸多问题：到底哪一种建筑风格更适合于印度？哪一种建筑风格更能代表殖民当局的那些统治者们的雄图壮志？在印度的英国建筑师们应该采取何种形式作为模板，是古典式、哥特式、莫卧儿式，还是其他类型的风格？这些问题在 19 世纪的印度最为突出，并一直持续到 20 世纪初德里新都的兴建。

　　殖民统治时期有关于建筑风格的讨论一直不绝于耳，建筑理论家和实践者为这一问题进行了深入的讨论。古典主义建筑的核心价值是什么，经典欧式风格是否真的适合于印度次大陆？ 19 世纪 50 年代印度采用古典主义的殖民建筑不断减少，关于古典主义风格的探讨逐渐开始多起来。随着各项重大工程在印度次大陆的不断展开，各地区的风格差异性也逐渐显现。其中当时的三大管区首府最为明显，加尔各答的新古典主义、孟买的哥特复兴以及马德拉斯的印度—撒拉逊式在各自地区占据了主流。后来随着印度元素的不断增加，建筑越来越呈现出一种折中的形态，在印度半岛统称之为印度—撒拉逊式建筑。

　　这场交锋表明古典主义及新古典主义样式和欧洲的艺术和美学的扩张密不可分。英属印度的建筑是古典主义在国际层面的一种展现，其在殖民统治时期有着特殊的深层含义。这些建筑象征着不列颠人强烈的国家意志，成功地塑造了 19 世纪后期英帝国的政治权威及其在殖民地的话语权。

第六章　印度殖民时期建筑的意义及影响

第一节　印度殖民时期建筑的意义

近代以来欧洲列强尤其是英国的殖民主义（Colonialism）肩负着自身破坏性以及建设性的双重使命。18 世纪末，受国内工业革命浪潮的驱动，英国人加快了掠夺海外原材料的步伐，而此时广袤的印度次大陆首当其冲。然后为更有效地统治印度半岛，英国人又不由自主地开始了许多建设性的工作，如建立商馆、开办工厂、发展运输业等等，在这期间修建了长达 6.5 万多公里的铁路 [1] 就是最好的证明。英国统治者宣传西方文化思想，实行民主联邦制度以及推行西式教育等等最终使得印度社会发生剧变。在这一过程中，凝固着艺术的建筑随着殖民势力的扩张被带到了印度的角角落落。

印度众多镌刻着一个多世纪城市历史的殖民建筑，作为当地极富特色的地标，久为世界所瞩目。历史建筑拥有众多价值，英国学者史蒂文·蒂耶斯德尔（Steven Tiesdsll）在《城市历史街区的复兴》一书中甚至将这些价值归纳为七大类：社会价值、建筑价值、文化价值、城市文脉价值、历史价值、美学价值以及场所感。印度殖民时期众多杰出的历史建筑，很好地反映了 18 世纪后期至 20 世纪初世界范围内建筑领域的最高水平。

印度殖民时期的每一座建筑物作为这一特殊时期社会变革及更新的缩影，其单体随着时间的慢慢发展完成了对这段独特人文历史的积淀，被烙印在印度城市的角角落落，成为印度及世界人民无法抹去的集体记忆。在滚滚的历史河流中，这些众多的超百年的建筑仍然静静伫立，默默地展示着所在城市乃至整个国家的时代特征以及文化底蕴，这对印度独立后的近现代建筑的发展产生了重要影响。殖民时期的建筑融入了印度本土各类型的传统元素，同时又包含了欧洲工业革命期间产生的众多技术创新，这对殖民时期以及印度独立后的建筑发展都有着十分重要的促进作用。

第二节　印度殖民时期建筑的影响

而受英国帝国主义的影响，印度建筑的影响也从印度国内慢慢扩展到海外。

---

1 李宁.论殖民主义的双重作用 [J].才智，2009（02）.

遍布南亚、东南亚、东亚、太平洋群岛、大洋洲东南沿岸、非洲的印度洋沿岸、美国南部及加勒比海等地区的殖民样式建筑就是最好的例子。而在印度次大陆盛极一时的印度—撒拉逊式风格由工程师们带到了英国本土及英帝国的其他殖民地，如大洋洲及马来半岛等。这些地区众多的印度—撒拉逊式风格建筑表明了这种风格有很不错的适应性，并且证明此类风格的特殊价值。

印度英帝国时期包括现的印度、巴基斯坦及孟加拉等地区，故除印度本土外，另两个地方也有众多的印度—撒拉逊式风格建筑。巴基斯坦境内的旁遮普费萨拉巴德钟塔（Faisalabad Clock Tower）、拉合尔阿奇森学院（Aitchison College）、拉合尔博物馆（Lahore Museum）、旁遮普大学（University of the Punjab）、拉合尔政府大学（Lahore Government College）、卡拉奇港务局总部（Karachi Port Trust Headquarters）、卡拉奇国家表演艺术学院（National Academy of Performing Arts）、卡拉奇市政大楼（Karachi Municipal Corporation Building）、拉合尔圣心大教堂（Sacred Heart Cathedral）、巴哈瓦尔布尔达巴·玛哈尔陵（Darbar Mahal）及努尔·玛哈尔陵（Noor Mahal）、萨迪克·戴恩高中（Sadiq Dane High School）及白沙瓦伊斯兰大学（Islamia College）等等都是这一类的实例。

图 6-1　拉合尔博物馆

　　旁遮普省拉合尔博物馆由出生于旁遮普省的本土建筑师甘加·拉姆（Ganga Ram）设计。建筑于1894年建成，是巴基斯坦最大的博物馆，主要收藏了一些珍贵的佛像、古画、古代首饰、陶瓷艺术品以及军械等等（图6-1）。

　　孟加拉的印度—撒拉逊式建筑也有众多实例，如达卡阿汗·玛伊尔宫（Ahsan Manzil Palace）、达卡大学柯曾礼堂（Curzon Hall）、伦格布尔泰吉海特宫（Tajhat Palace）、迈门辛朔史·洛奇宫（Shoshi Lodge）及纳托尔·拉吉巴里大楼（Natore Rajbari）等等。其中位于首都达卡的阿汗·玛伊尔宫殿最为典型（图6-2）。该建筑始建于1850年，1869年完工，高两层，穹顶顶尖高27.13米。1992年9月20日这里成为孟加拉国家历史博物馆。

　　英国本土也有许多印度—撒拉逊风格建筑的例子，如布莱顿皇家宫殿（Royal Pavilion）、布莱顿"西宫"（Western Pavilion，英国建筑师阿蒙·亨利·怀尔兹自宅）、森德兰大象茶餐厅（Elephant Tea Rooms）、布莱顿沙逊陵墓（Sassoon Mausoleum）及英格兰格洛斯特郡圣西尼科特宅（Sezincote House）等等（图6-3、图6-4）。

　　皇家宫殿是英格兰布莱顿的一处皇室住所。建筑共分三个阶段建成。始建于1787年的部分为建筑其中一翼，一开始作为威尔士王子的一处海边疗养所。这部分由英国建筑师亨利·哈兰德（Henry Holland）设计，为新古典主义风格。后来建筑师皮特·弗雷德里克·鲁宾逊（Peter Frederick Robinson）设计了增建部分。威廉·珀丹（William Porden）设计了建筑的主体部分，并最使得建筑呈现出印度—撒拉逊风格。

图6-2　达卡阿汗·玛伊尔宫

图 6-3　布莱顿皇家宫殿

图 6-4　布莱顿西宫

　　圣西尼科特宅是位于英格兰格洛斯特郡的一座优美的庄园，由塞缪尔·佩皮斯·科克雷尔（Samuel Pepys Cockerell）于 1805 年设计。庄园为红色砂岩色，是一座典型的莫卧儿复兴式建筑(图6-5)。庄园内的景观由汉弗莱·雷普顿(Humphry Repton)设计，文艺复兴风格的花园融入了众多的印度元素。

　　马来半岛作为前英帝国的殖民地，自然气候条件与印度次大陆较为类似，因此出现了一大批印度—撒拉逊式建筑，如吉隆坡阿卜杜勒·沙曼大厦（Sultan Abdul Samad Building ）、槟城乔治城的庆典钟塔（Jubilee Clock Tower ）、吉隆坡老市政厅（Old Kuala Lumpur Town Hall ）、吉隆坡老高等法院大楼（The Old High Court Building ）、吉隆坡火车站（Kuala Lumpur Railway Station ）、吉隆坡铁路局

图 6-5　圣西尼科特宅

图 6-6　吉隆坡阿卜杜勒·沙曼大厦　　　　图 6-7　吉隆坡火车站

（Railway Administration Building）、吉隆坡纺织博物馆（Textile Museum）、吉隆坡占美清真寺（Jamek Mosque）、霹雳州瓜拉江沙乌布迪亚清真寺（Ubudiah Mosque）、布城首相府（Perdana Putra）、司法殿（The Palace of Justice）以及新加坡苏丹清真寺（Masjid Sultan）等等。

　　阿卜杜勒·沙曼大厦位于马来西亚首都吉隆坡独立广场前，得名于当时的雪兰莪州州长阿卜杜勒·沙曼先生。建筑由工程师斯普纳（C. E. Spooner）及建筑师查尔斯·诺曼（A. C. Norman）设计，于 1897 年投入使用。在英国统治期间，这里又被称为市政厅，是联邦秘书处所在地，包括高等法院在内的众多政府机构在这里办公（图 6-6）。吉隆坡火车站位于胜利大街，是联邦铁路局的枢纽站点（图 6-7）。建筑于 1910 年 8 月 1 日建成，由工务处首席建筑师助理英国人亚瑟·贝尼森·哈巴克设计。2007 年，当局决定将老楼作为铁路博物馆重新对公众开放，未来这里将是吉隆坡一个新的文化中心。

　　另外，英殖民地大洋洲也有此类建筑实例，如澳大利亚墨尔本的集会剧院（Forum Theatre）就是一个非常好的例子（图 6-8）。集会剧院又被称为国家剧院，位于墨尔本市中心，由美国建筑师约翰·艾博森（John Eberson）设计。剧院于 1929 年 2 月正式投入使用，可容纳 3371 人，这个数字还创下了当时澳大利亚的最高纪录。

图 6-8　墨尔本的集会剧院

结 语

英国人说，18 世纪的南印度海岸是世界上最富饶的地方。此后一连串的事件在此展开，并最终导致五千英里外的一座小岛成了印度这一庞大帝国的主人，并在这一过程中催生了印度的现代化进程。为巩固在印度的地位，英国在印度建立堡垒，筑起坚固的防御墙，其中以马德拉斯的圣乔治堡（St. George Fort）和加尔各答的威廉堡（William Fort）最为突出，另外英国还在印度半岛建立了许多兵站、教堂建筑和政府机构。英治印度在印度漫漫历史长河中仅为匆匆一笔，但就在英国到来之后，印度次大陆在历史上第一次有了"统一"的概念。英国人的殖民剥削客观上造就了一个完整的印度。1858 年，英国通过《改善印度管理法》，取消东印度公司的管理权，改由印度事务大臣接管其全部职权，并成立以印度总督为首的印度政府，从此这里进入由英国直接统治的时代。

在殖民时期，英国人构建了资本主义模式下的生产方式，印度次大陆传统的公社制社会被卷入英国的蒸汽工业时代，社会的方方面面发生了质的变化。印度人常说，英国人只给他们留下了三样东西：英语、议会和铁路。这或许是印度大众对这段殖民历史的调侃，不过英式文化、民主联邦制和连接起整个半岛的铁路网这三者确实是对这一特殊历史的高度概括。而殖民建筑作为欧式文化代表之一，其优美的造型、杰出的工艺等等都是印度人民的宝贵财富。

图 7-1　圣斯蒂芬学院

随着西方建筑文化的入侵，印度与西方建筑文化逐步混血，与英国有渊源的殖民地式建筑"邦加罗"就是其中的代表。英国殖民的深入，使得英国在印度建造的建筑越来越清晰地表现欧洲建筑风格。20世纪初，英国建筑师在建设中开始有意识考虑印度特殊的地理条件，他们的建筑作品开始反映印度人的习俗、文化、生活方式以及复苏的精神。新德里的圣马丁加里森教堂（St. Martin Garrison Church）、德里的圣斯蒂芬学院（St. Stephen's College）等建筑即是印度人的生活方式融入建筑中的例证，可谓印度现代建筑的先行者（图7-1）。印度独立前，外国现代建筑师在印度的工作以及印度建筑史对现代建筑的认识，为独立后的现代建筑发展做足了准备。愈来愈开放的印度接受了来自国际上更多的实验风格，如装饰艺术运动[1]（Art Deco）、现代主义运动等等。后来有一大批欧美建筑师活跃在印度国内，其中最著名的是国际建筑大师勒·柯布西耶在印度主持的昌迪加尔城市规划等等。而无论是殖民时期经典的欧式建筑，还是处于独立前后的现代印度建筑，都将印度建筑独特的"融合"这一特性很好地传承了下来。

---

1 装饰艺术运动（Art Deco）是一个装饰艺术方面的运动，但同时影响了建筑设计的风格，它的名字来源于1925年在巴黎举行的世界博览会。装饰艺术运动演变自19世纪末的新艺术（Art Nouveau）运动。Art Nouveau是资产阶级追求感性（如花草动物的形体）与异文化图案（如东方的书法与工艺品）的有机线条；Art Deco则结合了因工业文化所兴起的机械美学，以较机械式的、几何的、纯粹装饰的线条来表现，如扇形辐射状的太阳光、齿轮或流线型线条、对称简洁的几何构图等等，并以明亮且对比的颜色来彩绘。与"新艺术"强调中世纪的、哥特式的、自然风格的装饰，强调手工艺的美，否定机械化时代特征不同，装饰艺术运动恰恰是要反对古典主义的、自然（特别是有机形态）的、单纯手工艺的趋向，主张机械化的美。因而，装饰艺术风格具有更加积极的时代意义。

中英文对照

地理位置名称

亚琛：Aix-la-Chapelle

阿利波尔：Alipore

巴里古吉：Ballygunge

巴拉格布尔：Barrackpore

贝尼亚普库尔：Beniapukur

包纳加尔：Bhavnagar

B.T. 马哈拉杰大道：Biplabi Trailokya Maharaj Road

黑城：Black Town

班格：Bungal

乔奇：Choultry

乔林基：Chowringhee

克拉巴：Colaba

学院街：College Street

康诺特广场：Connought Plaza

库姆河：Cooum River

克劳福德市场：Crawford Market

克鲁克香克街：Cruikshank Road

达达拜·瑙罗吉路：Dadabhai Naoroji Road

达尔彭加：Darbhanga

伊格摩：Egmore

埃兰堡河：Elambore River

法兰德斯：Flanders

弗里尔镇：Frere Town

戈宾德布尔：Gobindpur

古尔：Gour

国民大道：Greenway Road

瓜廖尔：Gwalior

胡格利河：Hooghly River

霍恩比路：Hornby Road，

恒河平原：Indo-Gangetic Plain

贾恩大道：Janpath Road

扎瓦哈莱尔·尼赫鲁路：Jawaharlal Nehru Road

约翰·佐法尼：Johann Zoffany

朱迪亚：Judea

卡尔卡—西姆拉：Kalka-Shimla

喀拉拉邦：Kerala

基德波尔：Kidderpore

国王大道：Kingsway

考埃莱盖特街：Koilaghat Street

科萨瓦·卡瓦迪：Kothawal Chavadi

柯亚马贝杜：Koyambedu

拉合尔：Lahore

莱尔·蒂基湖：Lal Dighi Lake

莱斯特郡：Leicestershire

罗纳瓦拉：Lonavala

勒克瑙：Lucknow

M. 玛格路：Mahapalika Marg Road

麦丹：Maidan

马拉巴尔山：Malabar Hill

蒙特：Mount

美勒坡：Mylapore

内塔吉·苏巴斯·钱德拉·博斯路：Netaji Subash Chandra Bose Road

内塔吉·苏巴斯路：Netaji SubashRoad

N. 福特路：N.Fort Road

果阿新城：Nova-Goa

农根伯格姆：Nungambakkam

果阿旧城：Old Goa

帕纳吉：Panaji

帕克镇：Parktown

议会街：Parliament Street

P.D. 梅洛路：P.D.Mello Road

庞达市：Ponda

波奥纳马莱埃：Poonamallee

普拉卡萨姆大街：Prakasam Street

比勒陀利亚：Pretoria

魁北克城：Quebec

拉亚吉大街：Rajaji Road

拉杰大街：Rajpath Road

罗亚普兰港湾车站：Royapuram Harbour Station

戈拉巴路：Shahid Bhagat Singh Road

沙哈加哈纳巴德：ShahJahanabad

西姆拉：Shimla

苏塔纳提：Sutanati

托利河：Tolly River

坦德贝特：Tondiarpet

奇普利坎：Triplicane

菲尔·娜里曼路：Veer Nariman Road

巴罗达：Vadodara

瓦皮里：Vepery

V.N. 路：V.N.Road

华尔街：Wall Tax Street

瓦拉扎路：Wallajah Road

威廉·爱默生：William Emerson

白镇：White Town

伊普尔：Ypres

人物名称

查尔斯·诺曼：A.CharlesNorman

亚当斯：Adams

阿方索·德·阿尔布克尔克：Afonso de Albuquerque

阿尔布克尔克：Albuquerque

安布罗休·阿格艾尔罗斯：Ambrosio Argueiros

安德鲁·贝尔：Andrew Bell

阿瑟·克劳福德：Arthur Crawford

查特吉：AtulChandra Chatterjee

巴特尔·弗里尔：Bartle Frere

本杰明·霍尼曼：Benjamin Horniman

伯特拉姆·麦肯勒：Bertram Mackennal

本廷克：Bentinck

巴伊·拉姆·辛格：Bhai Ram Singh

布洛克利：Blockley

斯普纳：C.E.Spooner

查尔斯·佛杰特：Charles Forjett

查尔斯·F. 史蒂文斯：Charles F.Stevens

查尔斯·曼特：Charles Mant

查尔斯·萨金特·贾格尔：Charles Sargeant Jagger

克里斯托弗·雷恩：Christopher Wren

科蒂诺·德·克罗古恩：Cottineau de Kloguen

考瓦斯吉·贾汗吉尔：Cowasjee Jehangier

达达拜·瑙罗吉：Dadabhai Naoroji

丹尼尔·威尔逊：Daniel Wilson

大卫·黑尔：David Hare

大卫·普兰：David Prain

米尔扎：D.N.Mirza

唐·马丁：Dom Martin

达弗林：Dufferin

邓布尔顿：Dumbleton

埃德温·鲁琴斯：Edwin Lutyens

E. 罗斯科·穆林斯：E.Roscoe Mullins

佛兰芒：Flemish

弗雷德里克·威廉姆·史蒂文斯：Frederick William Stevens

富勒：Fuller

盖梅里·凯瑞里：Gameli Carreri

甘加·拉姆：Ganga Ram

海德上将：General Hyde

乔治·欧内斯特：George Ernest

乔治·吉尔伯特·斯科特：George Gilbert Scott

乔治·哈丁：George Harding

乔治·特恩布尔：George Turnbull

乔治·维泰特：George Wittet

杰拉尔德·安吉：Gerald Aungie

吉贝罗：Gibello

乔凡尼·福格尼：Giovanni Battista Foggini

戈麦斯：Gomez

格拉顿·吉里：Grattan Geary

G.S.C. 温顿：G.S.C.Winton

哈尔西·里卡多：Halsey Ricardo

哈丁：Harding

哈罗德·安斯沃思·佩托：Harold Ainsworth Peto

亨利·哈兰德：Henry Holland

亨利·欧文：Henry Irwin

赫伯特·贝克：HerbertBaker

荷马：Homer

汉弗莱·雷普顿：Humphry Repton

兰彻斯特：H.V.Lanchester

J.A. 布罗迪：J.A.Brodie

詹姆斯·艾格：James Agg

J.N. 布拉辛顿：J.N.Brassington

焦伯·查诺克：Job Charnock

约翰·坎贝尔：John Campbell

约翰·艾博森：JohnEberson

约翰·弗雷德里克：John Fredrick

约翰·格里菲斯：John Griffiths

约瑟夫·威尔森·斯旺：Joseph Wilson Swan

J.T. 布瓦洛：J.T.Boileau

朱里奥·西莫：Julio Simao

吉卜林：Kipling

拉克斯赫梅斯赫瓦尔·辛格：Lakshmeshwar Singh

洛克伍德·吉卜林：Lockwood Kipling

劳德·坎宁：Lord Canning

劳德·柯曾：Lord Curzon

劳德·埃尔芬斯通：Lord Elphinstone

隆德：Lund

米纳瓦：Minerva

米尔扎·加利卜：Mirza Ghalib

默勒希：Molecey

穆子班：Murzban

纳博·基申阁下：Nabo Kishen Bahadur

诺曼：Norman

帕凯亚帕·穆德拉尔：Pachaiyappa Mudaliar

皮特·弗雷德里克·鲁宾逊：Peter Frederick Robinson

菲利普·戴维斯：Philip Davies

彼得洛·德拉·瓦莱：Pietro della Valle

普列姆昌德·诺伊珊德：Premchand Roychund

坎德绕：Rao Sahib Siteram Khanderao

里兹代尔：Redesdale

理查德·科布克：Richard Cobbc

里彭：Ripon

罗伯特·费洛斯·奇泽姆：Robert Fellowes Chisholm

罗伯特·托尔·罗赛尔：Robert Tor Russell

鲁德亚德·吉卜林：Rudyard Kipling

塞缪尔·佩皮 斯·科克雷尔：Samuel Pepys Cockerell

萨卡：Sarkar

查万：S.B.Chavan

沙·贾汉：Shah Jahan

莎士比亚：Shakespeare

巴特尔·弗里尔爵士：Sir Bartle Fr è re

瓦德亚：Sitaram Khanderao Vaidya

埃姆登：S.M.S.Emden

圣凯瑟琳：St.Catherine

史蒂文·蒂耶斯德尔：Steven Tiesdsll

圣方济各·沙勿略：St.Francois Xavier

圣加百利：St.Gabriel

圣迈克尔：St.Michael

马利克先生：Teja Singh Malik

乌尔哈斯·盖波卡：Ulhas Ghapokar

温森特·J.埃施：Vincent J.Esch

钱伯斯：W.A.Chambers

沃尔特·贝理·格里苏：Walter Burley Griffin

沃尔特·格兰维尔：Walter Granville

尼科尔斯：W.H.Nicholls

威廉·伯吉斯：William Burges

威廉·爱默生：William Emerson

威廉·珀丹：William Porden

W.I. 凯尔：W.I.Kier

建筑名词

装饰艺术运动：Art Deco

新艺术运动：Art Nouveau

雅典卫城：Acropolis

阿汗·玛伊尔宫：Ahsan Manzil Palace

阿奇森学院：Aitchison College

艾伯特大楼：Albert Building（Sidharth College）

全印战争纪念馆：All India War Memorial

圣徒大教堂：All Saints Cathedral

连廊：Arcade

陆海军合作社商店：Army & Navy Cooperative Society Store

仁慈耶稣大教堂：Basilica of Bom Jesus

圣彼得大教堂：Basilica of St.Peter

孟巴及印中铁路局：BB&CI Offices

大本钟：Big Ben

孟买绿地：Bombay Green

孟买市议会大楼：Bombay Municipal Corporation Building

孟买共同人寿大楼：Bombay Mutual Life Building（Citi Bank）

孟买新闻报大楼：Bombay Samachar Building

布雷迪大楼：Brady House

英国中东银行：British Bank of the Middle East

英属印度海运大厦：British India Steam Navigation Building

百老汇巴士总站：Broadway Bus Terminus

廊房（乡郊别墅）：Bungalow

坎特伯雷大教堂：Canterbury Cathedral

卡托门托：Cantonment

凯匹特电影院：Capitol Cinema

中央火车站：Central Station

查林十字火车站：Charing Cross Station

渣打银行：Chartered Bank of India, Australia & China

查特里：Chatri

檐口遮阳板：Chhajja

贾特拉帕蒂·希瓦吉终点站：Chhatrapati Shivaji Terminus

八角凉亭：Chhatri

乔林基大厦：Chowringhee Mansions

楚亚：Chujja

教堂之门火车站：Church Gate Station

圣母罗萨里奥教堂：Church of Our Lady of the Rosary

圣亚纳教堂：Church of St.Anne

圣奥古斯丁教堂：Church of St.Angustine

圣卡也达诺教堂：Church of St.Caetano

圣卡杰坦神学院和教堂：Church of St.Cajetan

圣弗朗西斯科·德·阿西斯教堂：Church of St.Francis of Assisi

楚特瑞斯：Chuttris

民用带：Civil Line

纺织会馆：Cloth Hall

殖民样式：Colonial Style

殖民主义：Colonialism

康诺特广场：Connaught Place

考克斯大楼：Cox Building：Standard Chartered Grindlays Bank

克劳福德市场：Crawford：Mahatam Jyotiba Phule Market

水晶宫：Crystal Palace

柯曾礼堂：Curzon Hall

达迪塞特庙：Dadysett Agiary

达尔豪西广场：Dalhousie Square

达巴·玛哈尔陵：Darbar Mahal

大卫·沙逊图书馆：David Sassoon Library

圆顶亭：Domed Kiosks

达达拜·瑙罗吉雕像：Dr.Dadabhai Naoroji Statue

伊甸花园：Eden Gardens

伊格摩火车站：Egmore Railway Station

大象茶餐厅：Elephant Tea Rooms

埃尔芬斯通环：Elphinstone Circle

埃尔芬斯通大楼：Elphinstone Building

开放空间：Esplanade

费萨拉巴德钟塔：Faisalabad Clock Tower

弗洛拉喷泉广场：Flora Fountain（Hutatma Chowk）

集会剧院：Forum Theatre

孟买印度门：Gateway of India

邮政总局：General Post Office

加尔各答大酒店：Grand Hotel of Calcutta

空中花园：Hanging Gardens

后宫窗：Harem Windows

加尔各答高等法院：High Count of Calcutta

马德拉斯高等法院：High Count of Madras

霍尼曼街心花园：Horniman Circle Garden

豪拉火车站：Howrah Station

英迪拉广场：Indira Chowk

印度门：India Gate

印度美术馆：Indian Museum

印度 – 撒拉逊建筑风格：Indo–Saracenic Style

伊斯兰大学：Islamia College

贾力斯：Jalis

占美清真寺：Jamek Mosque

吉万公司：Jeevan Udyog（Khadi Gram Udyog）

JNP 学院：J.N.Petit Institute

JNP 公共图书馆：J.N.Petit Public Library

庆典钟塔：Jubilee Clock Tower

卡玛拉·尼 赫鲁公园：Kamala Nehru Park

卡拉奇市政大楼：Karachi Municipal Corporation Building

卡拉奇港务局总部：Karachi Port Trust Headquarters

卡尔萨学院：Khalsa College

加尔各答车站：Kolkata Railway Station

吉隆坡火车站：Kuala Lumpur Railway Station

拉合尔政府大学：Lahore Government College

拉合尔博物馆：Lahore Museum

红堡：Lal Qila

麦克米兰大楼：Mac Millan's Building（Lawrence & Mayo）

马德拉斯高等法院：Madras High Court

马德拉斯珠宝商和钻石业商会总部：Madras Jewellers & Diamond Merchants' Association

马哈特马·焦提巴·普勒市场：Mahatma Jyotiba Phule Market

麦丹公园：Maidan Park

苏丹清真寺：Masjid Sultan

大都会大厦：Metropolitan Building

蒙格什寺庙：Mongeshi Temple

木达比德瑞：Moodabidri

比尔拉天文馆：M.P.Birla Planetarium

莫卧儿花园：Mughal Gardens

缪尔学院：Muir College

讷格尔集市：Nagar Chowk

纳格什寺庙：Nagesh Temple

国家表演艺术学院：National Academy of Performing Arts

国家图书馆：National Library

纳托尔宫：Natore Rajbari

努尔·玛哈尔陵：Noor Mahal

欧贝罗伊大酒店：Oberoi Grand Hotel

老海关大楼：Old Customs House

旧城堡楼：Old Fort（HandloomHouse）

老高等法院大楼：Old High Court Building

吉隆坡老市政厅：Old Kuala Lumpur Town Hall

洋葱（球茎圆顶）：Onion（BulbousDomes）

敞亭：Open Pavilions

东方大厦：Oriental Building（American Express Bank）

飞檐：Overhanging Eaves

帕凯亚帕宫：Pachaiyappa's Hall

司法殿：Palace of Justice

帕里大楼：Parry's Building

圣派厄斯十世修道院：Pastoral Institute of St.Pius X

门廊：Patico

孟加拉顶式亭：Pavilions with Bangala Roofs

布城首相府：Perdana Putra

费罗泽萨·梅赫塔：Pherozeshah Mehta

开放式装饰连拱：Pierced Open Arcading

尖塔：Pinnacle

尖拱门：Pointed Arches

港务局：Port Commissioner's Office

曼努埃尔：Portuguese–Manueline

拉斐尔前派风格：Pre–Raphaelite Style

比例：Proportion

旧堡：Purana Qila

加尔各答马场：Race Course of Calcutta

铁路局：Railway Administration Building

国会山：Raisina Hill

拉亚吉宫：Rajaji Salai

总统府：Raj Bhavan

拉吉夫广场：Rajiv Chowk

新德里总统府：Rashtrapati Bhavan

印度储备银行：Reserve Bank of India

总统府：Rashtrapati Bhavan

皇家游艇俱乐部住所：Royal Bombay Yacht Club Residential Chambers

皇家交易所：Royal Exchange

皇家宫殿：Royal Pavilion

萨迪克·戴恩高中：Sadiq Dane High School

圣托马教堂：San Thome Basilica

沙逊陵墓：Sassoon Mausoleum

扇形拱门：Scalloped Arches

圣心大教堂：Sacred Heart Cathedral

锡亚尔达车站：Sealdah Station

圣卡塔林娜主教座堂：Sé Cathedral of Santa Catarina，又称 Se Cathedral

秘书处大楼：Secretariats

塞奥尼：Seoni

圣西尼科特宅：Sezincote House

萨希德高塔：Shaheed Minar

夏利马尔车站：Shalimar Station

尚塔杜尔加寺院：Shanta Durga Temple

西姆拉总督府：Shimla Viceregal Lodge

西姆拉基督教堂：Shimla Christ Church

朔史·洛奇宫：Shoshi Lodge

JJ 学院：Sir J.J.Institute（Parsi Panchayat）

群体生态区：Socioecological

南肯辛顿艺术学校：South Kensington School of Art

双胞胎寺庙：Sri Chenna Mallikeshwarar 和 Sri Chennakesava Perumal

标准大楼：Standard Building

圣安德烈·德拉·瓦莱大教堂：St.Andrea della Valle

圣安德鲁教堂：St.Andrew's Kirk

圣凯瑟琳小教堂：St.Catherine Chapel

圣克莱门特丹尼斯教堂：St.Clement Danes

圣乔治堡：St.George Fort

圣约翰教堂：St.John's Church

圣马丁加里森教堂：St.Martin Garrison Church

圣玛丽英印高级中学：St.Mary's Anglo-Indian Higher Secondary School

圣潘克拉斯站：St.Pancras Station

圣保罗大教堂：St.Paul's Cathedral

圣斯蒂芬学院：St.Stephen's College

圣托马斯大教堂：St.Thomas' Cathedral

阿卜杜勒·沙曼大厦：Sultan Abdul Samad Building

对称：Symmetry

水池广场：Tank Square

泰吉海特宫：Tajhat Palace

泰姬玛哈酒店：Taj Mahal Palace & Tower

电话公司大楼：Telephone Bhawan

纺织博物馆：Textile Museum

铸币局：The Mint

托马斯库克大楼：Thomas Cook Building

印度时代报社大楼：Times of India Building

光塔：Towers or Minarets

市政厅：Town Hall

联邦议会大厦：Union Buildings

孟买大学：University of Bombay

加尔各答大学：University of Calcutta

马德拉斯大学：University of Madras

柱式：Use of Orders

瓦特查庙：Vatcha Agiary

拱形屋顶：Vaulted Roofs

外廊：Veranda

外廊式：Veranda Style

维多利亚纪念堂：Victoria Memorial Hall

维多利亚火车站：Victoria Terminus（CST Station）

总督府：Viceroy's House

镶蜡水管：Wax-tipped Water Ducts

西宫：Western Pavilion

怀特威·莱德劳百货：Whiteway LaidlawDepartment Store

威廉堡：William Fort

威尔森学院：Wilson College

作家大厦：Writer's Building

其他

伯塞恩红石：Bassein Stone

巴拉特普尔石：Bharatpur Stone

土著人区：Black Town

殖民地：Colony（英语）、Colonie（法语）、Kolonie（德语）

方济各会：Franciscan

古吉特拉式：Gujarat

希顿、巴特勒及贝恩公司：Heaton, Butler & Bayne Ltd.

约翰·泰勒公司：John Taylor & Co.

卡拉·宫达艺术节：Kala Ghoda Arts Festival

汉沙艾博工程公司：Khansaheb Sorabji Ruttonji Contractor

库尔勒石：Kurla Stone

马克拉纳大理石：MakranaMarble

加尔各答马丁公司：Messrs.Martin &Co.

大都 会人寿保险公司：Metropolitan Life Insurance Co.

帕西社区：Parsi Community

博尔本德尔石：Porbandar Stone

斯科特和麦克莱兰公司：Scott & McClelland

索尔巴扎家族：Shovabazar Raj Family

苏菲派及神秘派音乐狂欢节：Sufi and Mystic Music Festival

瓦赛斯石：Vasais

韦斯特伍德·贝利公司：Westwood Bailey & Co.

欧洲人区：White Town

图片索引

第三章　殖民时期印度铁路的发展

第六章　印度殖民时期建筑的意义及影响

结语

参考文献

中文专著

[1] 陈志华. 外国建筑史 (19 世纪末叶以前)[M]. 北京：中国建筑工业出版社，1986.

[2] 尹国均. 图解东方建筑史 [M]. 武汉：华中科技大学出版社，2010.

[3] 林承节. 殖民统治时期的印度史 [M]. 北京：北京大学出版社，2004.

[4] 林承节. 印度近现代史 [M]. 北京：北京大学出版社，1995.

[5] 尹海林. 印度建筑印象 [M]. 天津：天津大学出版社，2012.

[6] 孙士海. 列国志：印度 [M]. 北京：社会科学文献出版社，2010.

[7] [日] 布野修司. 亚洲城市建筑史 [M]. 胡惠琴，沈瑶，译. 北京：中国建筑工业出版社，2010.

[8] [英] 福斯特. 印度之行 [M]. 杨自俭，邵翠英，译. 南京：译林出版社，2003.

[9] 顾卫民. 果阿：葡萄牙文明东渐中的都市 [M]. 上海：上海辞书出版社，2009.

学位论文与期刊

[1] 丁新艳. 英国殖民统治与印度近代工业化 [D]. 太原：山西大学，2004.

[2] 王政. 威海近代英式建筑研究 [D]. 济南：山东大学，2009.

[3] 敖黎黎. 大连近代殖民时期银行建筑研究 [D]. 大连：大连理工大学，2011.

[4] 许永璋. 论殖民时期印度的铁路建筑 [J]. 南都学坛，1992，12（04）：68-75.

[5] 达达. 果阿教堂的天使 [J]. 世界博览，2011（18）：80-81.

[6] 向东红. 印度的近现代建筑发展历程 [J]. 中国建设信息，2005（08）：58-60.

[7] 关颖. 对英国在印度殖民统治的新认识 [J]. 牡丹江师范学院学报，1997（03）：32-34.

[8] 孙桥炼. 英国殖民统治对印度传统社会的影响 [J]. 西安社会科学，2011，29（06）：111-112.

[9] 潘兴明. 英国殖民城市探析 [J]. 世界历史，2006（05）：26-35.

[10] 赵东江. 英国殖民统治与印度的崛起 [J]. 内蒙古民族大学学报，2010，16（03）：6-7.

[11] 王俊周. 英国殖民统治与印度现代化 [J]. 历史教学，2008（12）：57-58.

[12] 乔恩·林. 新加坡的殖民地建筑 (1819—1965) [J]. 张利，译. 世界建筑，

2000（01）：70–72.

［13］[日] 藤森照信. 外廊样式——中国近代建筑的原点 [J]. 张复合，译. 建筑学报，1993（05）：33–38.

外文专著

［1］Phiroze Vasunia. The Classics and Colonial India [M]. Oxford：Oxford University Press，2013.

［2］Mariam Dossal. Imperial Designs and Indian Realities: The Planning of Bombay City, 1845–1875 [M]. Oxford：Oxford University Press，1991.

［3］Rajnayaran Chandavarkar. History, Culture and the Indian City [M]. New York：Cambridge University Press，2009.

［4］Peter Scriver, V Prakash. Colonial Modernities: Building, Dwelling and Architecture in British India and Ceylon [M]. New York：Routledge，2007.

［5］Andreas Volwahsen. Splendours of Imperial India: British Architecture in the 18th and 19th Centuries [M]. London：Prestel，2004.

［6］Jan Morris. Stones of Empire: The Buildings of the Raj [M]. Oxford：Oxford University Press，2005.

［7］Brian Paul Bach. Calcutta's Edifice: The Buildings of a Great City[M]. New Delhi：Rupa & Co，2006.

［8］Muthiah S, C L D Gupta. Madras that is Chennai: Queen of the Coromandel [M]. Madras：Palaniappa Brothers，2012.

［9］Christopher W London. Bombay Gothic[M]. Mumbai：India Book House Pvt Ltd，2002.

［10］Sharada Dwivedi, Rahul Mehrotra. Bombay: the City Within[M]. Mumbai：Eminence Designs Pvt Ltd，2001.

［11］Patrick J Lobo. Magnificent Monuments of Old Goa[M]. Panaji：Rajhauns Vitaran，2004.

［12］Maria Antonella Pelizzari. Traces of India：Photography, Architecture, and the Politics of Representation, 1850–1900 [M]. New Haven：YC British Art，2003.

外文期刊

［1］Swati Chattopadhyay. Blurring boundaries: the limits of "white town" in Colonial Calcutta [J]. Journal of the Society of Architectural Historians, 2000, 59（02）:154-179.

［2］G Alex Bremner. Nation and empire in the government architecture of Mid-Victorian London: the foreign and India office reconsidered [J]. The Historical Journal, 2005, 48（03）:703-742.

［3］Thomas R Metcalf. Architecture and the representation of empire: India, 1860-1910[J]. Representations，1984（06）:37-65.

［4］Partha Mitter. The early British port cities of India: their planning and architecture circa 1640-1757[J]. Journal of the Society of Architectural Historians, 1986, 45（02）: 95-114.

［5］Karen Spalding. The colonial Indian: past and future research perspectives [J]. Latin American Research Review，1972，7（01）:47-76.

［6］Philip Davies. Splendours of the Raj: British architecture in India 1660-1947[J]. Journal of the Society of Architectural Historians，1991，50（01）:81-82.

［7］Gavin. British architecture in India 1857-1947[J]. Journal of the Society of Arts，1981（05）:357-379.

网络资源

［1］维基百科 [EB/OL]. http://en.wikipedia.org/.

［2］维基媒体 [EB/OL]. http://commons.wikimedia.org/.

［3］百度搜索 [EB/OL]. http://www.baidu.com/.

［4］白度百科 [EB/OL]. http://baike.baidu.com/.

［5］谷歌搜索 [EB/OL]. http://www.google.com.hk/.

图书在版编目（CIP）数据

印度殖民时期城市与建筑 / 汪永平，马从祥编著．
南京：东南大学出版社，2017.5
（喜马拉雅城市与建筑文化遗产丛书 / 汪永平主编）
ISBN 978-7-5641-6702-8

Ⅰ．①印… Ⅱ．①汪… ②马… Ⅲ．①城市史-建筑
史-印度-近现代 Ⅳ．① TU-098.135.1

中国版本图书馆 CIP 数据核字（2016）第 197495 号

书　　名：印度殖民时期城市与建筑
责任编辑：戴　丽　魏晓平
装帧方案：王少陵
责任印制：周荣虎
出版发行：东南大学出版社
社　　址：南京市四牌楼 2 号
邮　　编：210096
出 版 人：江建中
网　　址：http://www.seupress.com
电子邮箱：press@seupress.com
印　　刷：深圳市精彩印联合印务有限公司
经　　销：全国各地新华书店
开　　本：700mm×1000mm　1/16
印　　张：14
字　　数：259 千字
版　　次：2017 年 5 月第 1 版
印　　次：2017 年 9 月第 2 次印刷
书　　号：ISBN 978-7-5641-6702-8
定　　价：89.00 元

若有印装质量问题，请与营销部联系。电话：025-83791830